万万没想到

动物有话说

赵序茅 著

SPM 南方出版传媒 广东人民出版社
·广州·

图书在版编目（CIP）数据

万万没想到：动物有话说 / 赵序茅著 . — 广州：
广东人民出版社，2021.8（2021.11 重印）

ISBN 978-7-218-14686-7

Ⅰ.①万… Ⅱ.①赵… Ⅲ.①动物－青少年读物
Ⅳ.①Q95-49

中国版本图书馆 CIP 数据核字（2020）第 243381 号

WANWAN MEIXIANGDAO：DONGWU YOUHUASHUO

万万没想到：动物有话说

赵序茅 著

版权所有 翻印必究

出 版 人：肖风华

责任编辑：李力夫
责任技编：吴彦斌 周星奎
装帧设计：焱 玖

出版发行：广东人民出版社
地　　址：广州市海珠区新港西路 204 号 2 号楼（邮政编码：510300）
电　　话：（020）85716809（总编室）
传　　真：（020）85716872
网　　址：http：// www.gdpph.com
印　　刷：北京彩虹伟业印刷有限公司
开　　本：880mm×1230mm　1/32
印　　张：6.5　字　　数：113 千
版　　次：2021 年 8 月第 1 版
印　　次：2021 年 11 月第 2 次印刷
定　　价：49.80 元

如发现印装质量问题，影响阅读，请与出版社（020-85716849）联系调换。
售书热线：（020）85716826

本书编委会

对于动物，我们并不陌生，它们就生活在我们的身边，与我们关系密切。人类对动物的认识由来已久。人类还没有进入文明社会的时候，就开始与动物打交道。原始人类过着狩猎采集的生活，他们合作捕猎鹿、野猪等兽类，一起抵御豺狼虎豹等猛兽的攻击。

文字出现后，对动物形象的描述随着人类的文明进程相继出现。中国有着悠久的历史文化，对动物形象的描述十分常见。《诗经》中有"关关雎鸠，在河之洲"的描述，人们听到水鸟的鸣叫，从而联想到美好的爱情；唐诗"两个黄鹂鸣翠柳，一行白鹭上青天"，这是大诗人杜甫在成都草堂所目睹的自然景象；宋词"争渡，争渡，惊起一滩鸥鹭"，这是女词人李清照沉迷在优美的景色中。

不仅在这些文人雅客美妙的诗词中，我们日常使用的成语中也处处有动物的痕迹。诸如豺狼虎豹、狼子野心、狐假虎威……人们将对猛兽的恐惧浓缩到四字成语中。当然，人们也有对动物温柔的描述，诸如乌鸦反哺、羊羔跪乳……这是把对动物的赞许浓缩到成语中。

如果说诗词歌赋、成语辞藻是文人雅客对动物进行描述的载体，那么流行于街头巷尾的歇后语则是百姓在日常生活中对动物认知的写照。我们的生活离不开动物，即使想对它们视而不见也很困难。诸如歇后语"黄鼠狼给鸡拜年——没安好心""狗拿耗子——多管闲事"，无不反映动物早已走进

FOREWORD

人们的日常生活。

可是，无论是文人雅客还是普通百姓，人们在了解动物的同时又对动物充满了各种误解。站在现代科学的角度，古人眼中的很多动物形象是经不起推敲的。

我们就拿乌鸦反哺来说，古人以为是小乌鸦长大后知道孝顺父母，才寻找食物来赡养父母。其实，这和真实的场景刚好相反。古人看到的很可能是寒鸦，它属于晚成鸟，即便是幼鸟已离巢一段时间，它仍需要父母觅食喂养。而这个时候，幼鸟的体型已经和父母相差无几，父母喂子女，就被古人当成了子女赡养父母。

再比如，有一句歇后语是"黄鼠狼给鸡拜年——没安好心"。在人们心中黄鼠狼主要靠吃鸡为生，它和鸡是一对"生死冤家"。殊不知，真实的情况是黄鼠狼主要以鼠类为食，只有在极少数的情况下才会打鸡的主意。看来，人们是彻头彻尾地误解黄鼠狼了。

古人没有现代的动物学知识，对动物的行为有误解情有可原。可是，有些误解会给动物引来杀身之祸。比如，人们对于猫头鹰的误解——"猫头鹰进门没好事"，让猫头鹰成为世人眼中的恶鸟，成为人们驱赶的对象。实际上猫头鹰是捕鼠能手，是人类的好帮手。

可是，动物们不会说话，无法给自己辩解。我们这些研究动物的人就尽量为动物开口，把动物的真实故事讲给大家听。在这本书中，你可能会大吃一惊——真实的动物世界和我们所认知的竟然有那么大的差别。

目录
CONTENTS

第一章　禽

第二章　兽

CONTENTS

第三章　两爬

第一章

禽

 鸡的传说

生物学中的鸡是鸡形目雉科动物的统称。从中华文明开始的时候，鸡的形象就出现了，湖北省京山县出土的陶鸡，经测定是5000年前的作品。早在西周时期，《周礼·春官》就记载了朝廷专门设有主管官员，管理养鸡事务。在中国传统文化中，"鸡"字的含义早就超越了物种本身的意义，被无限地引申，具有多种寓意。

动物小档案
学名：鸡
纲：鸟纲
目：鸡形目
科：雉科
族：雉科
属：原鸡属
种：红原鸡
亚种：家鸡

凤凰传说

凤凰是中国古代传说中的瑞鸟，象征美好与和平，与龙、麟、龟一起被人们美称为"四灵"。《诗经·大雅·卷阿》中写道："凤凰于飞，翙翙（huì）其羽。"《大戴礼记·易本命》中说：

3

◀凤凰

"有羽之虫三百六十，而凤凰为之长。"可见凤凰在古人心中是极为重要的"神鸟"。

周代的重要典籍中有许多关于凤凰的典故，其中最为人所熟知的是"凤鸣岐山"，指的是周王朝在兴盛前，有凤凰在岐山栖息鸣叫，人们认为凤凰是由于周文王的德政才飞来的，是周王朝兴盛的吉兆，将凤比喻为周文王。

可是，凤凰真的存在吗？《尔雅·释鸟》中对凤凰的描述是："鸡头、燕颔、蛇颈、龟背、鱼尾、五彩色、高六尺许。"这样的鸟在自然界中是不存在的，它只能是人们的想象。

雉科鸟类，或许是凤凰的原型。在雉科鸟类中，锦鸡属红腹锦鸡最为著名。红腹锦鸡体态优雅，步履轻盈，雄鸡体长约1米，身披赤、橙、黄、绿、青、蓝、紫七色羽毛，光彩夺目。红腹锦鸡起源于秦岭以南地区，也就是"凤鸣岐山，兴周八百年"的地方。于是，周原有了一个吉祥的地名——"凤翔"。周人把

▼红腹锦鸡（图片摄影：王进）

岐山和秦岭山野中最美丽的鸟类——锦鸡当成了凤凰来歌颂，后世的人们逐渐神化这种鸟类，于是锦鸡便被披上了一层神秘的面纱，秦岭西部群山中便有了"凤县"。在陕南的古戏楼上，人们用木刻展现锦鸡的形象，把心中的凤凰和现实中的锦鸡进行了完美的结合。

金鸡报晓

汉代东方朔在《神异经·东荒经》中说："扶桑山有玉鸡，玉鸡鸣则金鸡鸣，金鸡鸣则石鸡鸣，石鸡鸣则天下之鸡悉鸣。""金鸡报晓"这个成语，应该源于此。中国自古是农业大国，古代先民日出而作，日落而息，清晨的雄鸡报晓便是人们开始一天活动的序曲。古人云："鸡者稽也，能稽时也。"意思是鸡守时且鸣叫准时，鸡鸣了，天就快亮了。在日晷和钟表发明之前，人们的作息依赖鸡鸣的提醒。

古人以鸡鸣作为黑夜与黎明的分界线，城门关口的开启时间便以鸡鸣为准。战国时期孟尝君在秦国被扣留，企图在天亮之前逃出函谷关，但鸡未鸣，关不开——"门下一宾客，鼓臂为鸡鸣，而群鸡和之，乃得出关"。鸡鸣可以报晓，也可以励志，有志之士常以"闻鸡起舞"自励。《晋书·祖逖传》有载："（祖逖）与刘琨俱为司州主簿，情好绸缪，共被同寝。中夜闻

▲ 公鸡打鸣

荒鸡鸣，蹴琨觉曰：'此非恶声也。'因起舞。"二人闻鸡起舞，给后人留下一段佳话。

《聊斋》有"鸡一叫，鬼便逃"的说法。鸡的司晨报晓，被看成黎明即起的吉兆。鸡便成了划分阴阳两界，送走黑暗、迎接光明的"阳鸟""天鸡"，是吉祥的化身，"鸡者，吉也！"清人袁枚说："鬼怕鸡叫，鸡叫一声，鬼缩一尺，灯光为之一亮。"民间以为鬼怕鸡血，鸡血避邪，故于农历十月一日杀鸡吓鬼，以使小鬼不敢出来。俗语称："十月一日，杀小鸡儿。"

✅ 公鸡迎春

鸡与"吉"谐音，象征吉祥。古人赋予锦鸡许多神话色彩，认为锦鸡和天穹中的"天鸡星"相对应，传说国家有重大喜事实行大赦时，天鸡星必定出现在天空中。所以，在举行大赦仪式时，人们把锦鸡绑于七丈长的高竿顶端，再用黄巾装饰鸡头，鸡颈项上垂下七尺绛幡，人们举起装饰好的锦鸡高竿，在选好的吉辰游行街衢，然后召集罪犯，击鼓宣读大赦令。这种大赦仪式，直到唐代还很盛行，"诗仙"李白流放夜郎时，曾写诗云："我愁远谪夜郎去，何日金鸡放赦回？"

汉族民间有立春日佩戴"迎春公鸡"的习俗，流行于山西北部及山东一些地区。迎春公鸡又称春鸡，立春前，妇女们就要缝制好春鸡，用纸底花布裹棉花，形同菱角，一角尖端缀花椒仁作鸡眼，另一角缝几根花布条作鸡尾，佩戴在孩子的左衣袖上，有新春吉祥之意。直到正月十六，去庙会才将春鸡取下来扔掉。

鸡乃德禽，《韩诗外传》称鸡有文、武、勇、仁、信五德：它头上有冠，是文德；足后有距能斗，是武德；敌前敢拼，是勇德；有食物招呼同类，是仁德；守夜不失时，天明报晓，是信德。它俨然一位文武双全且讲信义的"君子"。明清时期，二品文官的官服上，都绣着锦鸡的图案，五彩织锦用金丝装饰，使官服更显华贵。

　　古人还将褐马鸡看作勇敢的象征，以其羽毛做重要的装饰。自汉武帝起，就有武官戴"鹖（hé）冠"的传统，很多朝代一直沿袭了这种传统，一直到清朝。清朝官员所戴的"兰翎""花翎"，都是用褐马鸡的羽毛制成的。

▼褐马鸡

褐马鸡是中国特产鸟类，在动物分类上隶属鸡形目，雉科，马鸡属。褐马鸡体高约60厘米，体长90—110厘米，体重约3千克，体羽大都是浓褐色，它最显著的特征是耳羽长而硬，状如一对角，被列为国家一级保护动物。褐马鸡的羽毛成为商人争相追逐的珍品，褐马鸡的厄运也因此而来，数量变得越来越少。

在物种分类上，鸡属于鸟纲、鸡形目、雉科动物。我国是鸡形目鸟类较为丰富的国家之一。全世界的鸡形目鸟类有7科76属285种，我国有2科26属63种，约占世界鸡形目鸟类的1/4，这63种鸡形目鸟类中有20种，接近1/3属于我国特有种。其中鸡形目中雉科动物占150多种，在中国分布的60余种鸡形目鸟类中，除8种松鸡外，均为雉科鸟类，其中鹑类、雉类种数各半，平分秋色，我国可谓名副其实的"鸡的王国"。

可是，现代的家养鸡从何而来呢？其实，家养鸡是由一种叫原鸡的鸟类驯化而来的。原鸡在约900万—800万年前出现，包括红原鸡、灰原鸡、绿原鸡、锡兰原鸡等。现代家养鸡往往被认为起源于红原鸡，不过最新的研究结果表明，家养鸡是由灰原鸡与红原鸡杂交得来的。直到现在，家养鸡和原鸡还能正常交配产生可育后代。

关于人类养鸡的最早记录是在公元前8000年的越

▲ 红原鸡

南。我国养鸡始于新石器早期，人们在屈家岭人类遗址中曾发掘出陶鸡。而波斯及美索不达米亚是在公元前600年才饲养禽类，英国是在公元前100年才饲养禽类的。经过不同的驯化，家养鸡种类繁多，我国著名的家养鸡有浙江萧山九斤黄鸡、江苏南通狼山鸡、上海浦东鸡、山东寿光鸡、辽宁庄河鸡、湖南桃源鸡、广东竹丝鸡（乌鸡）等。

鸡中大族

　　环颈雉，俗称"野鸡""山鸡"，是雉科家族中分布最广的一种，共有31个亚种。环颈雉仅在中国就有19个亚种，为我国雉科中分布最广的鸟。雄鸡羽色鲜艳，脖子上有白色和金属绿色颈圈状花纹，尾羽很长且带横斑。雌鸡羽色暗淡，大多为夹杂黑斑的褐色和棕黄色，尾羽较短。它们主要栖息在山地与丘陵的灌木丛、草丛和林缘草地中，耐高温，抗严寒。过去形容北大荒："棒打狍子，瓢舀鱼，野鸡飞到饭锅里。"

▼环颈雉

其中的野鸡就是环颈雉。如今，无论生态环境怎么变化，环颈雉既没有被人类"招安"，也没有进入濒危动物的名录，反而在人类的周围活得优哉游哉，真是一个传奇啊！

在环颈雉大家族中，实行"一夫多妻制"，这个"多"是多少呢？这可不好说，要根据具体环境而定。从各地的记载中可以发现一个有趣的现象：在人类活动较少的地区，雄性环颈雉的"老婆"比较少，多为2—3个。而在人类狩猎活动频繁的地方，雄性环颈雉的"老婆"可以达到5—8个。事实上，在野外，雄性个体更容易被人类发现，成为狩猎的对象。而雌性体形小，飞行速度较雄性快，较雄性难猎取。于是形成了自然界中性别比例失调（雌多于雄）的局面。

✅ 千古之谜

我们了解了鸡在古代文化中的象征，以及家养鸡的起源，可是还有一个问题令人很困惑，那就是先有鸡还是先有蛋呢？

仅从进化学上来看，在约1.5亿年前，鸟类从恐龙中进化出来，而恐龙靠蛋来繁衍。加拿大卡尔加里大学古生物学者达拉·泽冷斯基称，通过对7700万年前的恐龙蛋化石进行研究，谜题的明确答案浮出水面：恐

龙首先建造了类似鸟窝的巢穴，产下了类似鸟蛋的蛋，然后恐龙进化成鸟类（鸡也属于鸟类的一种），所以，蛋先于鸡存在。鸡是由这些产下了类似鸡蛋的肉食恐龙进化而来，已知最早的原鸡在约900万—800万年前出现，然而卵生这种生殖方式已经存在了几亿年，所以至少可以说卵生发生在鸡形成以前。

街衢（qú）：大路，四通八达的道路。

松鸡：鸡形目松鸡科的鸟类。

屈家岭人类遗址：位于湖北省京山市屈家岭村，代表中国长江中游地区的新石器文化，其年代距今约5300—4600年。

知识补给站

委屈的 大鸨

大鸨天性耐寒、机警、善奔走、不鸣叫，迁徙时的飞行高度不超过200米，是一种美丽而可爱的大鸟。但是，在汉语中，有"大鸨"这么一个贬义词。古人认为，这种鸟群居，没有雄性，只有雌性，要通过与其他种类的鸟进行交配，来实现种群繁殖，所以就借以指称"妓女"，并将妓院老板娘称为"老鸨"。这其实是因为古人认知局限造成的"大冤案"，让大鸨背负了本不应有的污名。下面我给大家好好说道说道。

动物小档案

学名：大鸨

纲：鸟纲

目：鹤形目

科：鸨科

属：鸨属

种：大鸨

✅ 大鸨的由来

大鸨是地球上古老的"居民"之一，中国很早就有关于它的记载。传说"上有天鹅，下有地鵏（bū）"，这里的

"地鵏"指的就是大鸨。那"鸨鸟"的名字又是如何得来的呢？传说它们在集群生活时，总是70只生活在一起，组成一个小家庭。因此，人们在描述这种鸟时，就把它与集群时的个数联系在一起，在"鸟"的左边加上"七"和"十"，"鸨"就由此而得名了。

▼大鸨的头、颈及前胸呈灰色

大鸨是国家一级重点保护野生动物，从外形上看类似小型鸵鸟。它嘴短，头长，头上生有少量的羽瓣，翅大而圆。雄鸟的头、颈及前胸是灰色，其余部位是栗棕色，密布宽阔的黑色横斑。雌鸟的两翅覆羽均为白色，翅上有大的白斑，飞翔时十分明显。大鸨栖息于开阔的平原、干旱草原、稀树草原和半荒漠地区，也出现于河流、湖泊沿岸和邻近的干湿草地。

✅ 雌雄有别

此外，民间流传大鸨只有雌鸟而没有雄鸟，这是为什么呢？原来，在大部分时间里，大鸨都是集群活动，形成由同性别、同年龄个体组成的群体。在同一社群中，雄群和雌群总是相隔一定的距离。

虽然雄鸨和雌鸨在集群活动时保持一定距离，但是雄鸨对自己的配偶保护有加。当有其他同类进入自己领地争夺其配偶时，雄鸨就会与入侵者发生争斗，它们先是缓慢地接近，彼此以颈交握，用胸部互相推挤对抗，如对方退却，雄鸨便紧随其后，继续驱赶，直至将其赶出领地。如果双方势均力敌，就双双将头低下，靠近地面，双翅半展，肩部放低，肩羽和覆羽耸立，尾羽上翘，并向前立起呈扇状，露出白色羽毛，彼此靠近之后互相啄咬对方的嘴。

　　由此可见，民间传说对大鸨的种种"诬陷"是完全站不住脚的。

▲ 大鸨

鸠占鹊巢

　　"鸠占鹊巢"这个成语里包含两种鸟。普遍认为，这里的鸠不是指鸠鸽类的斑鸠，而是指俗称"布谷鸟"的一种杜鹃，古称鸤（shī）鸠。至于鹊是谁，尽管人们还有争议，但是一般认为是喜鹊。"鸠占鹊巢"的故事流传千年，从字面上理解，鸠（杜鹃）将鹊（喜鹊）的巢占了，但实际情况真的是这样吗？

✅ 胆大妄为之鸟

　　杜鹃在农村是家喻户晓的"布谷鸟"，关于它，还有一个凄美的故事。据说，古代蜀地有一位名叫杜宇的国君，他在位期间，教民务农，深得人心。后来他被人害死，其冤魂

动物小档案
学名：杜鹃
纲：鸟纲
目：鹃形目
科：杜鹃科
属：杜鹃属

▲杜鹃鸟

化为杜鹃。每当春末夏初的清晨，它就会发出"布谷，布谷——"的声音，其鸣声，似有诉不尽的哀怨，引发不少骚人墨客的愁思。

当然这只是美丽的传说而已，杜鹃在繁殖期间，往往"只闻其声，不见其人"。它们总是隐伏在树叶间，让人找不到它们。人们如果以此断定它们胆小的话，那可就大错特错了，杜鹃可是"胆大妄为"之鸟！

杜鹃最大胆的举措莫过于"狸猫换太子"。它自己并不营巢，而是把卵置于其他鸟类的巢内，诱导别的鸟类把自己的孩子抚养长大。研究表明，杜鹃能在

▲成对的圭拉杜鹃鸟

多达125种鸟巢中寄生。可是，它最不可能占据喜鹊的巢。这是为什么呢？

✅ 杜鹃的"对手"

看看杜鹃的对手喜鹊就知道了。喜鹊体长45厘米，个头比杜鹃要大许多！它有黑色的长尾，两翼及尾部呈黑色并具蓝色辉光。喜鹊在中国分布广泛，在

万万没想到 动物有话说

北方的农田或城市的摩天大厦都可以找到它的家。因为喜鹊经常活动于人类居住地附近，其响亮粗哑的"喳喳"声常被人们当成报喜的信号，"喜鹊"之名也就由此而来。

除了个头上的优势，喜鹊还有彪悍的作风！喜鹊只在秋冬季集成大群，其他时间都是单独或成对、成小群活动。喜鹊是杂食性动物，由于栖息的地方离人较近，人们种植的玉米、小麦等也成为它经常摄取的食物，甚至小蛇、小鸟、鸟蛋偶尔也会成为喜鹊的

▼喜鹊（图片摄影：赵序茅）

▲ 红隼

"盘中餐"。最让人不可思议的是,我们在野外见到过几只喜鹊跟红隼抢夺食物。它连猛禽都不害怕,更何况区区一只杜鹃呢!

另外,喜鹊的警惕性很高。一旦在树顶、高枝上遇到它不熟悉的东西,常发出它那独特的叫声。尤其是在繁殖期的时候,喜鹊的警惕性更高。喜鹊喜欢将鹊巢建在一起,这样就形成一个集体繁殖区域,以便

▲ 喜鹊的巢（图片摄影：赵序茅）

它们进行集体防御。即使来者是人类，喜鹊也一样进行驱赶。所以，即使杜鹃能够靠近鹊巢，它也无法入巢产卵。

在体形同等的鸟类中，喜鹊的巢是最大的。喜鹊的巢多为球形，用枯树枝编织搭建而成，顶部具盖，内有泥巴筑成的盘状的底，底上垫有羽毛和杂草，侧面有2—3个出口。喜鹊可根据风向选择进巢的洞口，不用的洞口可以临时封堵，以确保巢内温度适宜。

种种情况表明，杜鹃要想在喜鹊的巢中耍花样，几乎不可能。现实调查中也没有发现这样的情况。看来"鸠占鹊巢"不过是人类的臆想罢了。

喜鹊的"对手"

不过喜鹊的巢倒真被其他鸟类占用过，但不是杜鹃，而是另有其鸟——长耳鸮（xiāo）。长耳鸮自己没有筑巢的习性，在成熟的森林中，或以天然树洞为巢，或利用其他猛禽的弃巢。但是，在未成熟的次生林中，没有足够大的天然树洞供它们利用，这种资源上的匮乏，在一定程度上改变了长耳鸮选择巢位的对策。在长期的生态适应中，它们把目光投向喜鹊的巢。长耳鸮喜欢喜鹊已筑好的巢，占用后，只是去掉巢的上盖，并不对巢内进行修饰而直接利用。研究还发现，长耳鸮偏爱胸径较大的喜鹊的巢。另外，长耳鸮对喜鹊旧巢和新巢的利用比为7：3。

动物小档案
学名：喜鹊
纲：鸟纲
目：雀形目
科：鸦科
属：鹊属
种：喜鹊
亚种：10亚种

▲长耳鸮

　　为什么长耳鸮更喜欢喜鹊的旧巢呢？其一，利用喜鹊的旧巢可以减少或避免与喜鹊在巢位资源上的竞争；其二，长耳鸮在本区为留鸟，进入繁殖期较早，利用喜鹊的旧巢可以避免等待喜鹊筑新巢而耽误自己的繁殖期。

　　除了长耳鸮之外，其他猛禽，如红脚隼、红隼等也会占用喜鹊的巢。

红隼：比利时国鸟，栖息于山地和旷野中，多单个或成对活动，飞行较高。吃大型昆虫、鸟和小哺乳动物。呈现两性色型差异，这在鹰中是罕见的；雄鸟的颜色更鲜艳。分布范围很广，非洲、印度及中国等；在东南亚越冬。常见留鸟及季候鸟，除干旱沙漠外遍及各地。

留鸟：终年生活在一个地区，不随季节迁徙。

知识补给站

劳燕分飞

　　有一个成语叫"劳燕分飞"，出自《乐府诗集·东飞伯劳歌》："东飞伯劳西飞燕，黄姑织女时相见。"这里的"劳"指伯劳，而"燕"一般指我们平常见的家燕。古人见伯劳向东飞去，而燕子向西飞去，两种鸟擦肩而过，分道扬镳，于是将它们的分飞多用来比喻夫妻间的分离。这种说法正确吗？伯劳和燕子迁徙真是各奔东西吗？

✅ 迁徙路线

　　伯劳为雀形目下的一类鸟的统称，它们体型不大，仅比麻雀略大，属于雀形目中的"猛禽"。它性情彪悍，常常将捕获的猎物挂在树枝上"暴尸"，有着"屠夫

动物小档案

学名：伯劳

纲：鸟纲

亚纲：今鸟亚纲

目：雀形目

亚目：鸣禽亚目

科：伯劳科

属：伯劳属

▲ 棕背伯劳（图片摄影：赵序茅）

鸟"之称。实际上，中国的伯劳有棕背伯劳、红背伯劳、荒漠伯劳、灰背伯劳、黑额伯劳、灰伯劳等。"劳燕分飞"里的伯劳很有可能是灰伯劳，它是中国北方常见的一种大型伯劳。燕是北方最常见的家燕，此外还有一种和家燕长得极为相似，但和家燕不属于同一个目的北京雨燕。

动物小档案

学名：燕

纲：鸟纲

目：雀形目

科：燕科

29

▲家燕（图片摄影：王志芳）

从迁徙路线来看，灰伯劳不在中国繁殖，春秋季节沿北方各省迁徙，只有少数个体在中国越冬。也就是说，中国境内的伯劳和燕子的迁徙方向都是夏北冬南，不可能是东西向迁徙。

✅ 迁徙时间

从迁徙季节来看，伯劳和燕子也不可能"劳燕分飞"。《左传·昭公·昭公十七年》（前722—前464年）："我高祖少皞挚之立也，凤鸟适至，故纪于鸟，为鸟师而鸟名。凤鸟氏，历正也。玄鸟氏，司分者也；伯赵

氏，司至者也；青鸟氏，司启者也；丹鸟氏，司闭者
也。"说的是上古时代人们利用五种候鸟的不同迁徙时
间来制定历法。其中"玄鸟"是燕子，春分来，秋分
走，掌管春分、秋分；"伯赵"是伯劳，夏至鸣，冬至
止，掌管夏至、冬至。

　　从迁徙的路线和时间进行分析，我们不可能见到
"劳燕分飞"的景象。可能歌中"东飞伯劳西飞燕"原
本只是表达迁徙的离愁，后人望文生义，引申为"各
奔东西"。但是，当看到伯劳和燕子迁徙的盛况时，我
们可以感叹一声"劳燕纷飞"。

聪明的 乌鸦

乌鸦是雀形目鸦科中一类鸟的统称，它们可谓鸟类中智商最高的存在。在地球上乌鸦具有极强的生存能力，从北极苔原带到热带雨林，从荒漠戈壁到农田村落，几乎都可以看得到乌鸦的身影。

✅ 乌鸦不反哺

明代李时珍《本草纲目》云，"慈乌：此鸟初生，母哺六十日；长则反哺六十日，可谓慈孝矣。"这就是乌鸦反哺的由来。

现实中的乌鸦有很多种，比如小嘴乌鸦、寒鸦、渡鸦，它们大多数是集群生活。乌鸦反哺极有可能说的是寒鸦。

寒鸦是集群性很强

> 动物小档案
> 学名：乌鸦
> 纲：鸟纲
> 亚纲：今鸟亚纲
> 目：雀形目
> 科：鸦科
> 属：鸦属
> 种：约 25 种

的动物，冬季觅食会飞往收割后的开阔农田、杂草丛、河漫滩等生境，通常以群体活动（30只以上）为主。在觅食中寒鸦有着合理的分工，常见7—15只寒鸦高站树梢，站岗放哨。寒鸦在冬季有较大的集群活动，因此觅食出现较大范围的偏移，少则几十里，多则上百里。

　　寒鸦家族和人类一样，具有"尊老爱幼"的美德。寒鸦在集群觅食时很有秩序，跟随在群体后面的老弱个体可以飞至群体的前面，这样整个群体就不断地向前推进，并且觅食时不会发生争食现象。群居的寒鸦，

在自己已经吃饱的情况下，会将多余的食物分享给同类，甚至不介意同类从自己嘴中抢去食物。也许古人正巧看到饱食的乌鸦将食物分享给同类，便误以为是在反哺。

当然还有一种可能，寒鸦属于晚成鸟，幼鸟离巢后依然需要亲鸟（父母）喂食。不过离巢后的幼鸟的体形、体色与亲鸟基本相同。本来是母亲衔食继续喂育幼鸟，可是古人误以为是幼鸟衔食孝敬母亲。于是寒鸦便有了"慈鸟""孝鸟"的美称。

▼大嘴乌鸦（图片摄影：赵序茅）

　　也有人认为，乌鸦反哺说的是小嘴乌鸦家庭的合作繁殖现象。合作繁殖是指两个以上的家庭成员在同一繁殖期内共同照顾一窝幼鸟的现象。亲鸟之外的家庭成员一般被称为"协助者"。小嘴乌鸦存在合作繁殖现象，而这些"协助者"大多为亲鸟上一窝繁殖的幼鸟，也就是窝中雏鸟的哥哥姐姐。也许古人见到一些未成年的鸟儿往窝里送食物，误以为它们是在孝敬父母。

◀
噪鹛

还有一种观点认为，乌鸦反哺其实是一种寄生现象。南方的噪鹃会寄生于鸦科鸟类。而噪鹃体形较大，雄鸟一身乌黑，被当作乌鸦也是有可能的。这样一来明明是亲鸟喂食在巢内寄生的噪鹃雏鸟，而古人却误以为体形更大的噪鹃是老迈飞不动的乌鸦父母。

尽管没有亲眼见过乌鸦反哺的场景，但我们不能否认乌鸦家族的感情至深。群居的红嘴山鸦中如果有伙伴死去，其余的红嘴山鸦会聚集在一起，久久盘旋，然后离去，可谓重情重义。

✅ 乌鸦喝水

"一只乌鸦口渴了，到处找水喝。乌鸦看见一个瓶子，瓶子里有水。但是，瓶子里水不多，瓶口又小，乌鸦喝不着水，怎么办呢？乌鸦看见旁边有许多小石子，就想出办法来了。乌鸦把小石子一颗一颗地放进瓶子里，瓶子里的水渐渐升高，乌鸦就喝着水了。"这是根据《伊索寓言》改编的故事《乌鸦喝水》。

现实中的乌鸦能否真的用这种方式喝水，我们不得而知，但是秃鼻乌鸦为了食物可以制造工具，这是经过实验证明的。

英国剑桥大学动物学家克里斯·伯德和伦敦大学玛丽女王学院的研究人员发现：为了取食蠕虫，乌鸦会用铁丝制作铁钩！

　　在实验中，伯德等人先在桌上放了一个装有一小桶蠕虫的玻璃管，玻璃管很深，秃鼻乌鸦无法直接用嘴吃到蠕虫。而在玻璃管的旁边，研究人员放了一截比玻璃管长一些的笔直铁丝。然后观察4只5岁大的圈养的秃鼻乌鸦能不能吃到玻璃管里的蠕虫。

▼秃鼻乌鸦（图片摄影：邢睿）

这4只秃鼻乌鸦虽然以前没有接触过铁丝，也没有看见过人或其他动物使用过铁丝，但是令人惊讶的一幕出现了：录像显示，秃鼻乌鸦在发现无法直接吃到蠕虫后，立即将目光投向一旁的铁丝。它们先用嘴叼住铁丝的一头，折成弯曲的钩子，然后再用嘴叼着铁丝直的一头，将钩子伸进管内将小桶钩出。最终成功吃到了蠕虫！

看来乌鸦喝水的故事不是没有可能，而是需要特定的条件。在鸟类中，乌鸦善于创新，总能够找到新的途径解决问题。

生境：生物的个体、种群或群落生活地域的环境，包括必需的生存条件和其他对生物起作用的生态因素。

知识补给站

苦恶鸟不苦恶

宋代苏轼《五禽言》诗之五云："姑恶姑恶，姑不恶，妾命薄。君不见，东海孝妇死作三年干，不如广汉庞姑去却还。"原注：姑恶，水鸟也，俗云妇以姑虐死，故其声云。在苏轼的诗中，姑恶是一种水鸟，因为其声音似"姑恶"而得名。在现实生活中，姑恶究竟是一种什么水鸟呢？

动物小档案

学名：苦恶鸟

纲：鸟纲

亚纲：今鸟亚纲

目：鹤形目

科：秧鸡科

属：苦恶鸟属

☑ 白胸苦恶鸟

这里的姑恶就是白胸苦恶鸟，因其常在江南的秧田里生活，又叫"白胸秧鸡"或"白面鸡"。白胸苦恶鸟是海陆空三栖鸟种，脚趾甚长，擅长陆路行走和坡地攀爬，一双细长的黄

脚极善奔跑，动作就像小型鸵鸟一样，无论是在凹凸不平的石滩或河床上行走，或是在芦苇、水草丛中潜行，它都如履平地。若遇劲敌，它时而飞翔，时而跳跃，在鸟类之中堪称"全才"。不过，白胸苦恶鸟不喜欢高飞，也不喜欢与人类接触，喜欢藏身于河边或低洼地方的草丛中。

▼白胸苦恶鸟（图片摄影：赵序茅）

为什么叫"白胸苦恶鸟"呢？"白胸"很好理解，即胸部羽毛呈白色，可是"苦恶"从何说起呢？

原来在繁殖期间，雄性白胸苦恶鸟在晨昏时猛烈地鸣叫，音似"姑恶"或"苦恶"，于是古人根据这一习性称之为"姑恶鸟"或"苦恶鸟"。

诗说姑恶鸟

宋代词作家于石在他的代表作品之一——《姑恶》中提到了这种鸟："村南村北麦花老，姑恶声声啼不了。有姑不养反怨姑，至今为尔伤风教。噫，君虽不仁臣当忠，父虽不慈子当孝。"这里姑恶带有感情色彩，于石认为媳妇不孝顺，死有余辜。那么作为媳妇死后化身的姑恶鸟，自然也就不受待见，成为恶鸟的代表之一。

南宋诗人陆游在《夜闻姑恶》中也提到姑恶鸟，其词曰：

> 湖桥东西斜月明，高城漏鼓传三更。
> 钓船夜过掠沙际，蒲苇萧萧姑恶声。
> 湖桥南北烟雨昏，两岸人家早闭门。
> 不知姑恶何所恨，时时一声能断魂。

天地大矣汝至微，沧波本自无危机；

秋菰有米亦可饱，哀哀如此将安归？

这里我们终于听到了不同的声音，和前人不同，陆游对姑恶鸟抱有同情。

同时期的刘克庄在《禽言九首·姑恶》里写道："有鸟有鸟林间呼，声声句句唯怨姑。夜挑锦字嫌眠懒，晨执帨巾嗔起晚。老人食性尤难准，冰天求鱼冬责笋。爷娘错计遣嫁夫，悔不长作闺中姝。新妇新妇牢记着，人生百年更苦乐。他时堂上作阿家，莫教新妇云姑恶。"这里也流露出了对姑恶鸟深深的同情。

✅ 象征演变

到了明朝，由于李时珍工作性质的不同，他不再限于研究姑恶鸟的文化意义，而是更加专注于姑恶鸟本身，对其进行客观的描述。其在《本草纲目》中说："今之苦鸟，大如鸠，黑色，以四月鸣，其鸣曰苦苦。又名姑恶，人多恶之，俗以为妇被其姑苦死所化。"李时珍的记载与白胸苦恶鸟的形象非常接近。白胸苦恶鸟是中型涉禽，体长28—35厘米，而斑鸠体长也在28—35厘米，"大如鸠"的形容非常贴切。白胸苦恶鸟在4—5月繁殖，多鸣叫，也是准确的。"人多恶之"，说明这种鸟儿不受人待见，人们对姑恶鸟有所忌讳。

清代史震林的《西青散记·卷二》有一节文章对姑恶鸟进行了客观细致的描述，其文曰："段玉函自横山唤渡，过樊川，闻姑恶声，入破庵，无僧，累砖坐佛龛前，俯首枕双膝听之，天且晚，题诗龛壁而去。姑恶者，野鸟也，色纯黑，似鸦而小，长颈短尾，足高，巢木旁密筱间，三月末始鸣，鸣自呼，凄急。俗言此鸟不孝妇所化，天使乏食，哀鸣见血，乃得曲蟮水虫食之。鸣常彻夜，烟雨中声尤惨也。诗云：樊川塘外一溪烟，姑恶新声最可怜。客里任他春自去，阴晴休问落花天。"这里的描写非常接近姑恶鸟的生活史。姑恶鸟以昆虫、小型水生动物以及植物种子为食，在荆棘或密草丛中，偶亦能在树上，以细枝水草和竹叶等编成简陋的盘状巢。姑恶鸟每窝产卵6—9枚，卵呈土黄色，上布紫褐色和红棕色的稀疏纵纹和斑点，每年可产2—3窝。雏鸟为早成性，孵出后即能离巢，但仍与亲鸟一起活动，在池塘荆棘或密草沙滩边，经常可以看到苦恶鸟一家在散步。

清代诗人龚自珍在《金侍御妻诔》中，开始为姑恶鸟"平反"："鸟名姑恶，谁当雪之？蕨名慈姑，又谁植之？"这在当时封建礼教的重压下，实属难得的声音。

　　白胸苦恶鸟其貌不扬，却成为文人墨客争相吟咏的对象，不得不说是一个传奇。鸟一直都是那个鸟，时代不同，人不同，鸟儿被赋予的文化意义也就大相径庭。

　　涉禽：那些适合在水边生活的鸟类，大部分是从水底、污泥中或地面获得食物。

知识补给站

鸳鸯：

曾是兄弟的象征

"得成比目何辞死，愿作鸳鸯不羡仙。"在中国，鸳鸯作为爱情的象征家喻户晓。其实，鸳鸯曾经是兄弟的象征。

动物小档案

学名：鸳鸯

纲：鸟纲

目：雁形目

科：鸭科

属：鸳鸯属

古人笔下的鸳鸯

西汉大臣苏武在告别兄弟的诗中写道："昔为鸳和鸯，今为参与辰。"首次将兄弟比作鸳鸯。到了魏晋时期，大家很认可苏武的观点，说鸳鸯就是兄弟。

魏人嵇康在《四言

赠兄秀才入军诗·其一》中写道："鸳鸯于飞，肃肃其羽。朝游高原，夕宿兰渚。邕邕和鸣，顾眄俦侣。俯仰慷慨，优游容与。"这首诗也是用鸳鸯来比喻兄弟和睦友好的。

据史料记载，嵇康以前住在会稽上虞（今浙江省绍兴市上虞市），后迁到谯国的铚县（今安徽省淮北市濉溪县），平日里喜欢游山玩水。纵观嵇康一生的活动范围，浙江是鸳鸯的越冬区，安徽属于鸳鸯的迁徙路过区。另外，魏晋南北朝时期，中国东部处于寒冷期。嵇康所描述的鸳鸯，很有可能是迁徙路过的鸳鸯，或者越冬区的鸳鸯。

◀鸳鸯剪纸

✅ 不同时期的鸳鸯

同是鸳鸯，繁殖期和越冬期的鸳鸯，有何不一样呢？

繁殖期的时候，雄鸳鸯求偶，经常和雌鸳鸯待在一起，高调"秀恩爱"。这个时期，人们看到的鸳鸯是夫妻，以此比喻夫妻恩爱，是恰如其分的。但是，越冬期的鸳鸯就不同了。

在越冬或者迁徙停歇的时候，鸳鸯倾向于集群生活，而雄鸳鸯羽毛艳丽，辨识度高，人们看到的是雄

▼水中鸳鸯

鸳鸯在一起。因此，结合嵇康的生活轨迹和鸳鸯的分布地区，他看到的很有可能是越冬区或者迁徙路过的鸳鸯，把它们比作兄弟也是恰当的。

到了唐朝，情况发生逆转。鸳鸯的喻义由兄弟变成夫妻。

"得成比目何辞死，愿作鸳鸯不羡仙。"唐朝诗人卢照邻在《长安古意》中把一对情侣的绵绵情意描写得淋漓尽致，从此后人则认为鸳鸯是夫妻的象征。据1980年版的《辞海》记载，以"鸳鸯"比喻夫妇，即始于卢照邻的这首诗。

寒冷期：气温比较低的时期。

卢照邻：唐朝诗人，与王勃、杨炯、骆宾王并称为"初唐四杰"。

知识补给站

诗词歌赋与 白鹭

在乡间，有时会看到一两只白鹭站在田边"钓鱼"，宁静且治愈。我国著名文学家郭沫若赞美白鹭"实在是一首诗，一首韵在骨子里的散文诗"。其实，在古代，白鹭一直是文人笔下的宠儿。

《诗经》中的白鹭

白鹭作为一种古老且常见的鸟类，早在先秦时期，古人就有记载。《诗经》中至少有三处写到白鹭，《国风·陈风·宛丘》中写道："无冬无夏，值其鹭羽。……无冬无夏，值其鹭翿（dào）。"这里的鹭翿是指用鹭羽制

动物小档案

学名：白鹭

纲：鸟纲

亚纲：今鸟亚纲

目：鹳形目

科：鹭科

属：白鹭属

▲白鹭在水边觅食

作的伞形舞蹈道具，"聚鸟羽于柄头，下垂如盖"。在先秦时期，人们利用白鹭的羽毛制作歌舞表演的道具。《诗经·周颂·振鹭》中说："振鹭于飞，于彼西雍"，这里用翩翩起舞的白鹭比喻来朝拜、祭拜的贵宾，说他们像白鹭一样优美、娴雅、高洁。而《诗经·鲁颂·有駜（bì）》写道："振振鹭，鹭于飞。鼓咽咽，醉言归。"此句描写的是白鹭群飞的样子。

✅ 唐诗中的白鹭

在很多唐诗中也能找到白鹭的影子。李白在《晚归鹭》中写道："白鹭秋日立，青映暮天飞。"此句形象地描写了白鹭在稻田中站立的情景。白鹭喜欢在稻田中活动，即便是在现代农村也依旧可以看到这种情景。白鹭在稻田中的场景，不仅李白看到了，同时期的王维也见到过，他在《积雨辋川庄作》中写道："漠

▼白鹭群飞

▲ 小白鹭（图片摄影：赵序茅）

漠水田飞白鹭，阴阴夏木啭黄鹂。"杜甫也有名句："两个黄鹂鸣翠柳，一行白鹭上青天。"此句描写了白鹭群飞的姿态。杜牧在《鹭鸶》中写道："雪衣雪发青玉嘴，群捕鱼儿溪影中。"此句形象地描写了白鹭捕鱼的场景。同样写白鹭捕鱼的场景，顾况在《白鹭汀》中写道："霍靡（huò mí）汀草碧，淋森鹭毛白。夜起沙月中，思量捕鱼策。"白居易的《白鹭》中也有类似的描写："何故水边双白鹭，无愁头上亦垂丝。"白居易在这首诗中还交代了一个细节——"头上亦垂丝"，这是小白鹭的婚羽。

宋词中的白鹭

到了宋朝，白鹭依旧在文人的墨香里"翩然去来"。李清照在《如梦令·常记溪亭日暮》里写道："争渡，争渡，惊起一滩鸥鹭。"辛弃疾在《鹊桥仙·溪边白鹭》里写道："溪边白鹭，来吾告汝，溪里鱼儿堪数。"他对白鹭的捕鱼能力深信不疑。南宋诗人虞似良在《横溪堂春晓》里写道："东风染尽三千顷，白鹭飞来无处停。"东风把刚插下的秧苗吹活，嫩绿的稻田无边无垠，白鹭鸟在空中盘旋，不知在哪里可以歇脚。北宋诗人文同在《蓼屿》一诗中写道："孤屿红蓼深，清波照寒影。时有双鹭鸶，飞来作佳景。"这里可能写的是处于求偶、繁殖期的白鹭，因此它们成对出现。

明清时期的白鹭

明清时期，白鹭在诗词歌赋中很少出现，不过李时珍在《本草纲目》中记载："鹭，水鸟也。林栖水食，群飞成序，洁白如雪，……顶有长毛十数茎，毵毵然如丝，欲取鱼则弭之，名曰丝禽。一名属玉，一名春锄。"这里不仅描述了白鹭的形态，还描述了白鹭利用诱饵捕鱼的场景，惟妙惟肖，可见古人观察之细致。

清代瓷器上多见"一路连科"，由鹭、莲花、芦苇

▲大白鹭（图片摄影：赵序茅）

组成的图案，"鹭"与"路"同音，"莲"与"连"同音。旧时科举考试，连续考中谓之"连科"。一只鹭在有莲花、芦苇的湖边，谐音"一路连科"，寓意应试成功，仕途顺利。

✅ 白鹭家族

　　诗歌里的白鹭，振翅高飞，穿越古今，我们得以窥其身影。现实中的白鹭属是鹭科中的一个属，该属鸟类都是中型涉禽，共13种，在世界各地均有分布。在中国分布的有大白鹭、中白鹭、白鹭（小白鹭）。那么，如何分辨大、中、小白鹭呢？

　　首先区分大、小白鹭。处于繁殖期的小白鹭，下背有明显的丝状羽，脑袋后面有一两根细长的翎子。它的胫与脚部呈黑色，趾呈黄绿色，四季不变。而大白鹭的跗跖和趾呈黑色。大白鹭和小白鹭很好区分，难分的是大白鹭和中白鹭。

　　从名字上看，大白鹭应该比中白鹭大。其实不然，它们大小的差异不是特别大。大的大白鹭肯定比中的中白鹭大，但大的中白鹭不一定比小的大白鹭小，那么，究竟如何分辨呢？首先，看嘴。大白鹭的嘴咧开的位置明显位于眼睛后方，而中白鹭的嘴咧位于眼睛的正下方。其次，看脖子。大白鹭的脖子弯曲呈"S"形，极为明显，甚至下巴都要枕到脖子上了，并且大白鹭的脖子比中白鹭的脖子修长得多。

婚羽：鸟类繁殖期的羽毛。

知识补给站

低调的 斑鸠

斑鸠作为一种常见鸟类，在中国文化中，出现率极高，但人类对它似乎并不熟悉。可能有人会想到《诗经·关雎》中的"关关雎鸠，在河之洲"，很多人误以为这里的"鸠"就是斑鸠，其实它是一种鹗。而《国风·卫风·氓》才是真正描写斑鸠的："桑之未落，其叶沃若。于嗟鸠兮，无食桑葚。"意思是说那贪吃的斑鸠啊，不要无节制地啄食桑葚。《国风·召南·鹊巢》中也提到："维鹊有巢，维鸠居之。"这里说斑鸠抢占喜鹊的巢，不过这是不准确的，现实中斑鸠虽然不是"筑巢大师"，但是也是自己"动手"筑巢，无须抢其他鸟的巢。

动物小档案

学名：斑鸠

纲：鸟纲

亚纲：今鸟亚纲

目：鸽形目

科：鸠鸽科

属：斑鸠属

▲ 飞行的斑鸠

在庄子的《逍遥游》中，斑鸠曾讥笑鹏南飞，"蜩（tiáo，指蝉）与学鸠笑之曰：'我决（xuè）起而飞，抢榆枋而止，时则不至，而控于地而已矣，奚以之九万里而南为？'"不过，斑鸠"谦虚"了，虽然它的飞行能力比不上传说中的鹏，但是比蜩强太多了。

✅ 赠杖敬老

真正让斑鸠"出名"的是以斑鸠为原型制作的"鸠杖"。在先秦时期，斑鸠是长者地位的象征，汉代更是以拥有皇帝所赐鸠杖为荣。什么是鸠杖呢？传说

鸠为不噎之鸟，刻鸠纹于杖头，可望老者食时防噎。《后汉书·礼仪志》中记载："玉仗，长（九）尺，端以鸠鸟为饰。鸠者不噎之鸟也，欲老人不噎。"

春秋时期实行大夫70岁退休的制度，如果有因为国家需要而不能退休的老臣，国君应该赐给他几和杖，并派侍女照顾他出行。

汉代继承了周代的敬老美德，并将这一传统美德发扬光大，使其成为官方制度。在汉代，拄拐杖是有官方规定的。据史书记载，老人满70岁以后，国家将赠用良玉刻成的鸠杖。从此，鸠杖演变为皇家敬老的标志，走进了寻常百姓家。《后汉书·礼仪志》中记载："仲秋之月，县道皆案户比民。年始七十者，授之以王杖，铺之糜粥。八十、九十，礼有加赐。王杖长九尺，端以鸠鸟为饰。"民间将鸠杖视为朝廷授予70岁以上老人的一种特权的凭证。老人持有它，进官府衙门无须下跪，做买卖不纳捐交税，路人见持鸠杖的老人必须让道，儿女要是虐待有鸠杖的老人，甚至会失去生命！这种为70岁以上的老人赠杖的风俗，一直延续到明清时期。民间给老人做寿时，有"坐看溪云忘岁月，笑扶鸠杖话桑麻"的寿联。清乾隆皇帝八旬寿诞时，有大臣给乾隆皇帝的寿联也用此典："鸠杖作朋春宴饮，莺衣呈舞戏词新。"

✅ 珠颈斑鸠

现实中的斑鸠属于鸟纲、鸽形目、鸠鸽科，全球有15种斑鸠，主要分布在非洲和亚洲。中国有5种斑鸠，分别为山斑鸠、灰斑鸠、珠颈斑鸠、火斑鸠、欧斑鸠。其中，山斑鸠和欧斑鸠仅分布在新疆和西藏的部分地区，火斑鸠、珠颈斑鸠、灰斑鸠分布在中国东部、南部。

在中国的东部、南部最常见的斑鸠是珠颈斑鸠，在苏南地区，斑鸠的俗名叫"鹁鸪"，苏北扬州一带称"白果子"。从体形上看，珠颈斑鸠和鸽子差不多大，

▼山斑鸠

不过比鸽子"苗条"，暗黑色的飞羽、粉红色的腹羽、毛红色的双脚，搭配得相得益彰，如同一位穿着黑裙、红上衣、红色高跟鞋的"妙龄女子"。它身上最引人注目的是颈部黑色的绒羽上密布着白色的斑点，像一串珍珠项链，珠颈斑鸠也由此得名，不过年幼的珠颈斑鸠颈部没有斑点。

　　每年的4—7月为珠颈斑鸠的繁殖期，每年繁殖1—2次，它们的求偶方式尤为浪漫。王维在《春中田园作》中也写到斑鸠："屋上春鸠鸣，村边杏花白。"说

▼珠颈斑鸠（图片摄影：赵序茅）

的就是一只斑鸠在村子里的房屋上鸣叫求偶。雄珠颈斑鸠鸣音响亮，雌鸟相应地发出两声回音，重复4—7次后，雄鸟飞向雌鸟，停落在雌鸟身边，头向雌鸟，喙贴向前胸，颈羽耸立，后颈、前胸有节奏地胀缩并发出鸣叫。如果"郎有情，妾有意"，珠颈斑鸠会一起"婚飞"：先是雄鸟不停地向雌鸟点头、鸣叫，约12分钟后，雄鸟飞向雌鸟，并且停息于一枝后，雄鸟突然向高空绕圈猛飞，飞了50—60米时，翻身滑翔而下；雌鸟跟着起飞，在空中绕两圈后，升至25—45米后，滑翔而下，双双降落在同一树枝上，约过5分钟后，又一次"婚飞"。

▼斑鸠筑巢

 动物有话说

✅ 抚育后代

　　结成"夫妻"的珠颈斑鸠在树上繁殖，偶尔也在地面或者建筑上繁殖，用树枝在树杈间编筑简陋的巢，父母双亲共同筑巢、孵卵、喂养雏鸟。珠颈斑鸠喂食雏鸟的食物比较特别，为鸽乳，这可不是鸽子的乳汁，而是它自身的嗉囊腺所分泌的一种富含蛋白质的物质。珠颈斑鸠的嗉囊腺平时不进行分泌活动，在垂体产生促乳素时，嗉囊腺开始活跃。当血液中促乳素增多时，亲鸟恰好开始育雏。促乳素仅能促使嗉囊腺中的鸽乳增多，在喂食过程中，当幼雏挤压亲鸟胸部时，才能有鸽乳育雏的效果。

几和杖：几和手杖，为老者所用。

知识补给站

被冤枉的猫头鹰

猫头鹰是鸱鸮科鸟类的俗称。长期以来，它们一直被人类深深误解，背负恶鸟之名。冯梦龙所著的《东周列国志》第四回中有记载："此鸟名鸮，昼不见泰山，夜能察秋毫，明于细而暗于大也。小时其母哺之，既长，乃啄食其母，此乃不孝之鸟，故捕而食之。"猫头鹰成了有名的"恶鸟"。直到现在中国很多地方的人依旧把猫头鹰当成恶鸟，依旧相信诸如"猫头鹰进门必有祸事""猫头鹰一叫必要死人"等。

动物小档案

学名：猫头鹰

纲：鸟纲

亚纲：今鸟亚纲

目：鸮形目

科：草鸮科、鸱鸮科

✅ 奇异的猫头鹰"家族"

猫头鹰属于夜行性猛禽，目前都是国家二级及二级以上保护动物，

▲ 飞行的猫头鹰

它们分布于全国各地，而且栖息于山地森林、平原、荒野、林缘灌丛、疏林等各种环境中。不同种类的猫头鹰，差别很大。

雕鸮是中国体形最大的猫头鹰，体长可达70厘米，头上有两束羽毛（耳羽束）。眼大，橙色，上方有黑斑；体羽茶色，有褐斑，下体色淡。头部有显著的面盘，为淡棕黄色。

纵纹腹小鸮是体小而无耳羽簇的鸮鸟。头顶平，眼亮黄而长凝。浅色的平眉及宽阔的白色髭纹使其看起来狰狞。上体褐色，具白色纵纹及点斑。下体白色，具褐色杂斑及纵纹。肩上有两道白色或皮黄色的横斑。

长耳鸮是中等体形的鸮类，体长约35—40厘米。与其他大多数鸮类一样，长耳鸮的颜色也是非常暗淡的褐色和黑色，上体以棕褐色为基色具黑色棕斑，下体色较浅，以黄褐色为基色，具较细弱的黑色纵斑；长耳鸮的辨识特征主要集中在面部，耳鸮属鸟类的面盘大多非常明显。

别再冤枉猫头鹰了

说猫头鹰是恶鸟，纯属无稽之谈。看看它为人类所做的贡献，就更让那些诽谤它的人们感到汗颜！

◀
雕
鸮

65

万万没想到 动物有话说

　　猫头鹰对农业第一大害——鼠害的控制作用不容小觑。以纵纹腹小鸮为例，它猎食多种老鼠和大量有害昆虫，不仅有益于农、林、牧业，还可预防由鼠、虫等媒介传播的多种疾病，是一种对人类十分有益的鸟类。所以准确地说，小鸮是一种食鼠、食虫的益鸟。

▼纵纹腹小鸮（图片摄影：王志芳）

研究人员经分析发现，在繁殖后期，纵纹腹小鸮主要捕食昆虫。在冬季它可捕食比自己大得多的大型啮齿类动物，一只小鸮全年可捕食大仓鼠90余只，田鼠约77只，全年可食各类金龟子约238只，此外还可捕食大量的叩头虫类。这些猎物都是农、林、牧的敌害。事实上，纵纹腹小鸮在其食物数量上，以食虫为主，尤其在繁殖季节表现得更加明显。它个体小、分布广、密度大、繁殖力强，而且在分布的所有地区都常年居留，是害虫、害鼠的主要天敌之一。

鸟儿不会说话，是时候该恢复它们应有的名誉了！

冯梦龙：明代文学家、思想家、戏曲家。所辑话本《喻世明言》（又名《古今小说》）、《警世通言》、《醒世恒言》（合称"三言"）是中国白话短篇小说的经典代表。他以其对小说、戏曲、民歌、笑话等通俗文学的创作、搜集、整理、编辑，为中国文学做出了极其重要的贡献。

知识补给站

第二章

兽

穿山甲真的能"穿山"吗?

鳞甲目、穿山甲科的哺乳动物是一个非常古老的类群,在地球上生存了至少4000万年。目前,穿山甲的足迹遍布东南亚、南亚、撒哈拉等地区,非洲南部也有它们的足迹。穿山甲在中国主要分布于南方各省的热带、亚热带地区。

动物小档案

学名:穿山甲

纲:哺乳纲

目:鳞甲目

科:穿山甲科

属:穿山甲属

种:中华穿山甲

早在2000多年前,中国的古人就对穿山甲有了认知,屈原在《天问》中提到:"延年不死,寿何所止?鲮鱼何所?鬿堆焉处?"这里的鲮鱼,说的就是穿山甲。古人认为穿山甲身上布满鳞片如鲤鱼一般,因

此叫它"鲮鱼"。事实上，穿山甲是唯一一种身上长着鳞片的哺乳动物。

✅ 穿山甲

穿山甲擅长打洞，用前肢挖土，后肢推泥，这样来"土遁"，所以叫"穿山甲"。但要注意，山上的岩石它是挖不动的！穿山甲平时会在丘陵山地的树林、

▼ 穿山甲（刘克锦绘）

灌丛、草莽等各种环境中出没，但极少在石山秃岭地带露面。平时穿山甲就住在自己挖的洞里，其洞多筑在山体的一侧，居住地随季节和食物而变化，白天就蜷缩在洞里睡觉，入夜之后出去找吃的。一个夜晚常在好几个山体中活动，活动范围能有5—6千米。

穿山甲爱吃白蚁，每当洞内巢蚁被吃光，它就把拉在洞内的粪便用泥覆盖，以招引白蚁，然后再来挖食。穿山甲还会游泳，能泅渡大河，而且游得比蛇都快。它还会爬树，就跟着白蚁留下的痕迹爬，吃完了白蚁大餐之后，有时就在树枝上睡觉。

▼穿山甲寻找蚂蚁

▲ 树穿山甲

遇敌或受惊时，穿山甲往往会蜷作一团，头被严实地裹在腹前方，并常伸出一前肢作御敌状。若在密丛等隐蔽处遇到敌害，一般会迅速逃走。

穿山甲挖洞得选在亚高山、丘陵地带的阔叶林、针阔混交林和灌草丛，它们对栖息地环境要求很高。因为一旦栖息地遭受破坏，很多同类就会"无家可归"从而活不下去，种群数量就会迅速下降。栖息地遭受破坏的重要因素有毁林开荒、修建交通道路、矿产开发、森林资源开发等人类活动。

当然穿山甲濒危并不都是栖息地导致的，"外敌入侵"也是不容忽视的。国内每年要查扣至少上千只穿山甲再将其放生到当地的保护区，涉及的种类主要是中华穿山甲和印度穿山甲，其中印度穿山甲占1/3。印度穿山甲和中华穿山甲习性相似，是一对竞争物种，一旦印度穿山甲占住了"山头"，那么中华穿山甲就会被"驱逐"！

此外，穿山甲自身的劣势也是非常明显的。比如繁殖力低下，一般一胎只能生一个孩子，每年只能生一胎，因而种群数量增长缓慢。再加上穿山甲比较挑食，进化程度较低，对新环境的适应能力差，人工驯养比较难，一旦种群数量下降就很难恢复。如果种群密度很低，就可能在某一地区绝迹。而且穿山甲不擅长战斗，逃跑速度又十分缓慢，大部分时间都躲在洞里，如果被猎人盯上了根本不知道往哪跑，又挖不动石头，在洞被挖开、被烟熏后只能束手就擒。

以上诸多因素，都让穿山甲的数量越来越少。

现在越来越多的人要保护穿山甲，为什么他们要这么做呢？

一些人会说，白蚁危害多类林木、水利堤坝、房屋建筑。而穿山甲是白蚁的天敌，可以保护森林和建筑，是益兽。

▲ 白蚁

　　其实，这种看法是非常片面的。自然界中不存在害虫和益兽，所有的害与益都是人类根据自身的利益来评判的。符合人类利益的为益兽，不符合人类利益的则为害兽，而放到整个自然界中，人类的评判是不成立的。

　　就拿白蚁来说，对人类是害虫，可是在自然界中它们很重要。白蚁在森林中最大的作用是分解死亡的树木，加速物质和能量循环。即便啃活着的树木，被啃的树木也都是"老弱病残"，健康的树木会分泌足够的防御性化合物来抵挡它们。

　　只能说白蚁过度繁衍会造成危害，不能说它们本身就是坏的。同样的，穿山甲在自然界中也是不可或缺的，真正要维护的是自然界中的生物多样性！

　　自古以来，人类熟知穿山甲的药用价值，即便是在穿山甲被列为保护动物后，它的鳞甲依然被列为药材。现在《中华人民共和国药典》终于把穿山甲除名了，这是一个好消息。在现代医学技术高速发展的今天，已出现了更好的替代药物。人类对动物药用价值的利用不能超出物种承载的极限！

▼朽木里的白蚁

鲁迅笔下的猹

　　猹是鲁迅小说《故乡》中出现的一种动物，"猹"字也是在《故乡》中被鲁迅造出来的，鲁迅先生在1929年5月4日给舒新城先生的信中说："'猹'字是我据乡下人所说的声音，生造出来的。"那么，在现实生活中究竟有没有猹呢？

 猹的真身

　　鲁迅先生在小说《故乡》里有一段关于猹的描写：

　　闰土又对我说："现在太冷，你夏天到我们这里来。我们日里到海边捡贝壳去，红的绿的都有，鬼见怕也有，观音手也有。晚上

动物小档案

学名：獾

纲：哺乳纲

目：食肉目

科：鼬科

属：獾属

种：獾

78

我和爹管西瓜去，你也去。""管贼吗？""不是。走路的人口渴了摘一个瓜吃，我们这里是不算偷的。要管的是獾猪，刺猬，猹……有胡叉呢。走到了，看见猹了，你便刺。这畜生很伶俐，倒向你奔来，反从胯下窜了……"

其实，这里偷吃西瓜的猹是獾，是食肉目鼬科獾亚科的一种杂食性动物。獾亚科现在只包括两属动物：猪獾属和狗獾属。虽然名字中带有獾的还有美洲獾、蜜獾、狼獾，但是它们都不属于獾亚科。

▼猪獾（图片摄影：赵序茅）

中国境内最常见的獾就是猪獾和狗獾了，很多人把二者混淆，因为它们是"亲戚"，长得很像。但它们还是很好区分的：猪獾的鼻子长得像猪，狗獾的鼻子长得像狗；猪獾的下巴是白色的，狗獾的下巴是黑色的。

那么，鲁迅先生在小说《故乡》中写的猹的原型究竟是哪种獾呢？

☑ 唬人的狗獾

獾都是杂食动物，能捕猎也吃植物性食物，主要以蚯蚓、青蛙、蜥蜴、泥鳅、黄鳝、甲壳动物和昆虫为食。由于獾家族在觅食过程中有掘土行为，对庄稼有一定的危害，因此长久以来在中国被认为是害兽。文中闰土说猹在晚上活动，偷吃西瓜，并且性情凶猛，要拿钢叉对付。现实中的獾也是一种夜行性动物，白天躲在洞穴中休息，晚上出来觅食。

文章的描述既符合猪獾的行为特征也符合狗獾的行为特征，还是不能辨明猹是哪一种獾。

注意，鲁迅先生写的："要管的是獾猪，刺猬，猹。"因此，这里的獾猪就是猪獾，猹就是狗獾。狗獾有着灵敏的嗅觉和善于挖掘的前爪，有5个超长的指甲，虽然并不锋利，但粗壮结实，适合挖掘。平时狗

▲ 森林里好奇的獾

獾通过嗅觉发现食物，然后用爪子把食物挖出来。狗獾视力不好，常常看不到食物。为了最大化地发挥嗅觉功能去觅食，狗獾通常会在一个目标取食地，来回几次，这样可以更好地嗅到食物的气味。一旦发现食物，它会继续用鼻子在不同的位置嗅闻，这样做的目的是锁定食物的精准位置，提高觅食的效率。

动物有话说

狗獾性情凶猛，当遇到敌害时，常将前脚低俯，发出凶残的吼声，吼声似猪；同时能挺立前半身，以牙和利爪做猛烈的回击。不妨想象一下，一个赤手空拳的人面对凶猛的狗獾，那是一种怎样的场景。其实，那只不过是它的"御敌策略"，狗獾本质上并不凶猛，只是吓人而已，并没有真正的杀伤力。

2019年4月，上海世界外国语学校在建设奉贤校区的施工过程中，发现荒地中生活着一群狗獾。施工方为了保护狗獾而暂时停工。不得不说，这是人类生态文明的进步。

猪八戒的"身世"

《西游记》中的猪八戒原本是天蓬大元帅，掌管天庭8万水军，后来被玉帝贬到凡间，误投了猪胎，变成人身猪头的妖怪。那么问题来了，猪八戒是"投胎"家猪还是野猪呢？

"投胎"真相

在很多人的印象中，猪八戒长得白白胖胖，大耳朵，长鼻子，这不是家猪的模样吗？其实，这是受到电视剧的误导。在《西游记》原著中，猪八戒可不是这副长相，就连其作者吴承恩也没有见过这种

动物小档案

学名：猪

纲：哺乳纲

目：偶蹄目

科：猪科

属：猪属

亚种：脊柱类

大白猪。中国本土驯化的家猪多是黑猪，纯色的白猪几乎不存在。白猪最早驯化于欧洲，直到20世纪才传入中国。和中国黑猪相比，白猪吃得少，长得快，产仔多，成长周期短，能给人们提供更多的肉食。于是，短短几十年的时间，白猪几乎取代了中国黑猪。

要知晓猪八戒是"投胎"家猪还是野猪，我们还是回到《西游记》原著中。

我们先看猪八戒"投胎"的大致时间，因为从时间上判断最为准确。如果猪八戒"投胎"的时候，人

◀《西游记》里猪八戒的卡通形象

类还没有驯化出家猪，那么它自然"投胎"野猪。于是，问题又来了，猪八戒是什么时候被贬"投胎"的呢？

《西游记》里写道，"那怪道声：哏！你这诳上的弼马温，当年撞那祸时，不知带累我等多少，今日又来此欺人！不要无礼，吃我一钯！"此段说明，孙悟空大闹天宫的时候，猪八戒已经是天庭的"公务员"了。猪八戒是在大闹天宫之后"投胎"的，而孙悟空大闹天宫之后500年才等来唐三藏。这说明猪八戒"投胎"的时候，离唐三藏（玄奘）出生至多500年，而据史料记载唐三藏出生于602年，由此推断猪八戒投胎时间最早在100年左右的东汉时期。

那个时期的野猪是否已经被人类驯化了呢？

考古学家在距今9000年前的河南舞阳贾湖遗址中发掘出土的猪骨，其特征与野猪明显不同。说明早在9000年前中国已经驯化野猪。而在5000—4000年前出土的猪骨特征已经与现在的家猪几乎一样了。仅从时间上进行推断，猪八戒错投猪胎之时，人类已经驯化出了家猪，因此它投胎家猪和野猪都有可能。

既然不能从时间上进行推断，那么我们从猪八戒的外貌进行分析。

《西游记》第八回对猪八戒的外貌有介绍，"观音

▲野猪（图片摄影：邢睿）

按下云头，前来问道：'你是哪里成精的野豕，何方作怪的老彘（zhì），敢在此间挡我？'那怪道：'我不是野豕，亦不是老彘，我本是天河里天蓬元帅……不期错了道路，投在个母猪胎里，变得这般模样。'"

从观音菩萨的话中，我们可以得知猪八戒是野猪，后面还有专门描述猪八戒外貌的内容。《西游记》第八十五回中有这样的描述："碓嘴初长三尺零，獠牙觜出赛银钉。一双圆眼光如电，两耳扇风嗡嗡声。脑后鬃长排铁箭，浑身皮糙癞还青。手中使件蹊跷物，九齿钉耙个个惊。"这段话对猪八戒的外貌进行了描写，有两处描述尤为关键：其一为獠牙，其二为脑后鬃长。这两处特征和野猪特别吻合，尤其是长有獠牙，只有野猪具备这一特征，而家猪没有。

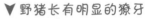

▼野猪长有明显的獠牙

　　此外，从习性上看，猪八戒也符合野猪的特征。《西游记》中猪八戒自述："是我咬杀母猪，打死群彘，在此处占了山场，吃人度日。"这里的描述符合野猪的习性。"咬杀母猪，打死群彘"表现其非常凶猛，此处符合野猪习性，而不符合家猪习性。野猪非常凶猛，尤其是发情期的雄性野猪。成年的雄性野猪能长到200千克，粗壮的长鼻能拱动50千克重的树桩，再加上锋利的獠牙和巨大的蛮力，有时候连老虎都要对它"退避三舍"，因此民间有"一猪二熊三老虎"的说法。野

▼野猪群（图片拍摄：赵序茅）

猪是杂食性动物，喜吃腐肉，甚至连同伴的尸体也不放过。然而经过人工饲养的家猪，几乎是"素食者"，性格极其温顺。"在此处占了山场"这句话，表明了野猪的领地意识。野猪的领地意识比较强，是群居生活，并且在群体内有一个权力顺序。家猪在人工饲养的过程中，这些特性逐渐消失。

　　不过在野猪向家猪的变迁过程中，家猪也保留了一些野猪的生物学特性：其一，杂食性强、嗅觉和听

▼无忧无虑的家猪

89

觉灵敏、视觉不发达；其二，繁殖效率高、生长速度快。这些特征也正是人类所喜欢的。

那么，猪八戒是哪里的野猪呢？要知道猪八戒属于哪个野猪亚种，我们就要看看猪八戒"投胎"的地方——高老庄。

高老庄是猪八戒的老家，高老庄在什么地方呢？在《西游记》第十八回中，孙悟空师徒途经高老庄，从高太公的家人高才口中得知"高老庄在乌斯藏"。虽然唐三藏是唐朝人，可是乌斯藏却是宋朝以后的人们对西藏的称呼。在唐朝称西藏为吐蕃，宋朝、元朝的时候吐蕃与乌斯藏的称呼并存，清朝的时候才正式定名为西藏。这可能是作者吴承恩"穿越"了，不要细究。我们且看高老庄的模样：

"这行者定睛观看，真个是：竹篱密密，茅屋重重。参天野树迎门，曲水溪桥映户。道旁杨柳绿依依，园内花开香馥馥。此时那夕照沉西，处处山林喧鸟雀；晚烟出爨（cuàn），条条道径转牛羊。又见那食饱鸡豚眠屋角，醉酣邻叟唱歌来。"这里的描述透露一个重要的信息——竹子和杨柳是生长于亚热带的植被，而青藏高原属于高寒气候，可以长出此类植物的地方非常有限，仅限于林芝地区。根据野猪的亚种分布情况，可以判断此处活跃的野猪很有可能是野猪印度亚种。

至此，猪八戒的身世已经明了，它是错投了野猪。

☑ 野猪的习性

作为十二生肖中的成员，我们对猪并不陌生。早在2000年前，《诗经·小雅·渐渐之石》就有对猪的描写："有豕白蹢，烝涉波矣。"这里描述了将帅在行军打仗的路上遇到一群野猪。虽然野猪和家猪同根同源，但在行为方式上，野猪和家猪有很大的不同。

野猪有自己的活动范围，就是以巢为中心的地盘，在动物学上称之为"家域"。我们看到养猪场的家猪，往往几十头被圈养在一个猪圈里。然而，野猪的家域非常大，远远超过人类居住的房子和步行活动的范围。野猪东北亚种的家域可达50—300平方千米，并且随着季节的变化而变化。冬季野猪的家域最小面积为50平方千米，春季面积最大为300多平方千米。动物家域大小的变化和它们对能量的需求有关。到了春季，雄性发情期的时候，动物的家域面积会明显增加。春季，积雪尚未融化，地面的食物比较稀疏，野猪需要扩大活动范围来获取足够的能量，因而其家域随之扩大。冬季，野猪为了维持身体能量的平衡，需要减少活动量，因而其家域缩小。

野猪雄雌有别，雄雌野猪的家域大小也不一样。

一般来说，雌野猪的家域面积远远大于雄野猪的，尤其是在冬季的时候，雌野猪的家域面积约是雄野猪的10倍。雄野猪无论是体形还是生长速度都大于雌野猪，食物获取量自然大于雌野猪的，按说雄野猪的家域面积应该大于雌野猪的。此外，雄性动物拥有较大的家域可以增加遇见雌性的机会。从理论上讲，雄野猪的家域面积应该大于雌野猪，可实际上正好相反。这是为什么呢？相比于雄野猪，雌野猪更多的是集群生活，需要更大的家域面积。此外，亚成体作为野猪的二代，其家域面积大小和家族的关系比较大，如果家族的家域大，亚成体的家域也大，反之亦然。

野猪的家域面积虽大，但它们对于卧息地的选择却非常讲究，它们对隐蔽性要求比较高，尤其喜欢远离人为干扰的地方。在人类活动密集的地方可以看到它们觅食的痕迹，却很少发现野猪卧息的痕迹。在舒适性上，野猪倾向于选择阳坡和平缓的地方，回避陡坡。在动物界有一个"最优秀觅食理论"：动物倾向于选择食物丰富和捕食风险低的环境。随着人类活动的增加，这样的地方在现实中并不好找。面对人类，野猪主要的避敌策略是逃跑。因此，野猪选择乔木密度低和草本密度低的生境。在这样的地方，植物的地下根茎和各种营养果实可能更为丰富，并且易于挖掘，同时也方便野猪逃跑。

✅ 群体区分

科学家将野猪的体形、毛色、獠牙，作为区分雌雄、成幼的标准。成年雄猪体形大，具备獠牙，其实它的獠牙是因犬齿过于发达而露出嘴外。雄猪性情孤僻，常常独自活动。成年雌猪体形比雄性略小，看不到獠牙。亚成体猪体重一半低于80千克，也看不到獠牙。幼猪身体背部有淡黄色和褐色相间的纵向条纹。根据野猪的活动特征，可以把野猪分为四个群体：

1.寂寞孤独群：这部分个体多为"一猪吃饱，全家不饿"，它们多为雄猪，单独活动，到处游荡，只有在发情期的时候回到群体寻找配偶进行交配，之后继续离开群体单独活动。

2.亲密母子群：这部分群体由一头成年雌猪和它当年生的或者头年生的孩子组成，一般为2—7头，在每年的4—12月比较常见。

3.年少轻狂群（亚成体群）：一般为3—4头，多为亚成体，有时也有幼猪加入。母猪产仔后为了更好地照顾新生猪，便会离开原来的母子群。离开妈妈后的亚成体小猪们独自活动。

4.一雄一雌伴侣群：这种情况多发生在发情期交配季节，可以见到一雄一雌两只野猪在一起。

5.一雄多雌"后宫"群：由一头雄野猪和两头或两

头以上的雌野猪组成。

6.雌雄老幼混合群：由一雌一雄和亚成体以及幼体组成，多是临时组成的群体。

✅ 日常活动

野猪一般被认为是夜行性动物，科学家在小兴安岭利用无线电监测野猪活动的结果表明野猪白天休息，夜晚活动，活动时间大于休息时间，雄性野猪的日活动量大于雌性野猪。家族野猪的日活动量小于独自活动的孤野猪，这是由于家族野猪的力量大，觅食效率远远超过独自觅食的野猪。

家猪通常只是吃和睡，而野猪的行为较丰富，其日常行为约有9种，即站立、走动、跑动、采食、饮水、修饰、发情、拱土和坐着休息。野猪的修饰行为是通过树干等物体来摩擦身体。野猪除了卧息，还会坐着休息，这个时候身体靠前腿支撑，后肢着地，暂停活动，以这种方式恢复精神和体力。在这些行为中，野猪以站立、走动和采食为主，发情多发生在秋季。不过在不同季节，野猪的活动不同，春季野猪以站立、走动和采食为主，夏季野猪以站立、走动、跑动和采食为主，秋季野猪以走动、采食和发情为主，冬季野猪以站立、走动和采食为主。在发情交配季节，单独

▲ 森林里的小野猪

活动的雄性野猪减少，群体活动更加频繁，它们常常口吐白沫，到处追寻雌性野猪。发情的雄性野猪在相遇时常常通过叫声、咬牙、拌嘴、竖起颈背部的鬃毛等行为来争配，有时发生激烈的追逐和打斗，用嘴咬对方的头颈部、四肢。交配后，雄性野猪便离开雌性野猪单独活动，雌性野猪则仍与原来的幼野猪生活在一起。

☑ 野猪的危害

野猪是森林生态系统中不可或缺的一员。野猪是顶级食肉动物的重要食物，其还可以分解动物的尸体，加速自然界物质循环。此外，野猪摩擦树、地上打滚等行为有利于植物种子的扩散，野猪拱地可疏松土壤、分散植物繁殖芽体，增加区域植物物种多样性，积极促进植物再生和生长。

不过，近年来随着野猪种群数量的快速增长，其危害成为一个社会问题。在国内一些地区甚至出现"猪进人退"的局面。野猪对人类的危害主要体现在以下几个方面：

1.野猪主要危害庄稼，尤其是破坏玉米地。

在地中海地区，野猪增长过快对当地种植的葡萄产生巨大危害。据统计，欧森堡在1997—2006年被野猪破坏的庄稼面积达到3900平方千米，损失赔偿达527万欧元。实际上因野猪取食造成的庄稼损失仅有5%—10%，大部分损失是因其践踏造成的。

2.野猪在一定程度上会破坏森林和草地。

在德国，野猪对小橡树等栎属植物的根部造成严重的破坏，导致小橡树倒下或枯死。野猪对草地的破坏也非常严重，比如在四川省唐家河国家级自然保护区，夏季可以看到被野猪破坏的草地和人工草坪。

3.伤害人类和家畜。

民间有"一猪二熊三老虎"的说法，野猪虽然在野外胆小，但其战斗力不容小觑，尤其是成年的雄性野猪，其长长的獠牙有时令老虎为之却步。近年来，随着人类活动范围的扩张，人与野猪的距离缩短，人猪冲突屡有报道。比如，在1999年湖北省竹山县一农贸市场里一头野猪将两人咬伤，在2000年五指山腹地琼中县有野猪将一人多处咬伤，2013年新疆玛纳斯报道野猪袭击牧民的家羊。此外，野猪还可能传播各种疾病如伪狂犬病、猪布氏杆菌病、猪流感、细螺旋体病等。

▼野猪在一定程度上会破坏森林和草地

动物有话说

　　人类的过度开发造成动物栖息地破碎化，顶级掠食动物数量濒危，野猪在自然界失去天敌的制约，再加上野猪的生存、繁衍能力极强，于是其数量迅速增加。

亚成体：尚未成年的个体。

知识补给站

年兽大猜想

相传"年"是一种猛兽，每到岁末最后一天，出来食人伤生，残暴无比。不过，年兽害怕红色和爆竹，于是这一天家家户户贴春联，放爆竹，赶年兽。传说中的年兽在现实中是否有原型呢？

▼放鞭炮赶年兽

✅ "年"的由来

我们不妨先看看"年"的由来。早在殷商时期的甲骨文中就有了"年"字，在甲骨文中，"年"的结构是上禾下人，本义指谷物成熟。中国古文字学家、训诂学家于省吾所著的《甲骨文字释林》中指出："年乃就一切谷类全年的成熟而言。"《谷梁传·桓公三年》记载："有年。五谷皆熟为有年也。"由于五谷成熟需要一个周期，于是"年"逐渐演变成时间单位，《诗经·豳（bīn）风》记载："自我不见，于今三年。"《尔雅·释天》也有记载："载，岁也。夏曰岁，商曰祀，周曰年，唐虞曰载。"东晋文学家郭璞对此作出解释："岁，取岁星行一次；祀，取四时一终；年，取禾一熟；载，

◀甲骨文的"年"字

100

取物终更始。"详细地解读了"年"字意思的演变。古代典籍中明确记载了"年"的由来，但和"兽"没有丝毫关系。

那么"年"究竟在何时才成为传说中的怪物，被人们驱赶呢？

▼年兽

其实，在古代典籍中的"年"从来都不曾作为一种怪物被记载，和后来的年兽也没有丝毫关系。据学者祝淳翔考证，最早提及"年兽"的文献出现在1933年民国小说家孙玉声所作的《沪壖话旧录·岁时风俗之回忆》里。在这篇短文中，孙玉声提及年兽："其有悬紫微星画轴者，画家每绘一石柱，柱上锁一似狗非狗之兽，或云是兽即天狗星，或云是兽名年，常欲食人，紫微星故锁系之，不令至下界肆恶，而使人不逢年患，故过年时悬此最宜。"1959年《新民晚报》上曾刊载《"年"的故事》，详细描述了年兽的外貌："'年'长着两个头，四只耳朵，八条腿，专门吃人过活。但是'年'很懒惰，一年四季它都在昏沉沉地睡觉，直到除夕的夜晚，才从阴暗的山洞里爬出，寻找它的牺牲品。'年'害怕日光，不喜欢红色，尤其讨厌喧闹的声音。"由此可以看出，年兽并非古代就有，而是由近现代的民俗演绎而来。

即使是传说，也应有其原型。不过，根据现有的描述，现实中还真的找不到与年兽相吻合的动物。因此，年兽可能是人们所畏惧的多种动物的合成体。

✅ 猜想一：狼和豺

对于年兽的描述几乎都包含"食肉，且危害人畜"，足见年兽有猛兽的成分。能够威胁人畜的猛兽，多数是狼和豺。在中国境内的大型猛兽中，老虎虽然凶猛，不过数量稀少，对人类的实际伤害小。而狼和豺分布广泛，在古代对人们的威胁比较大。尤其是冬季，食物短缺，狼和豺进入村庄猎杀家畜的可能性极大。即便是现在，新疆、青海等地也多有关于狼袭击牧民牲畜的报道，更何况是在古代。关于狼的成语，如声名狼藉、狼狈为奸、引狼入室……多是贬义词。如果说年兽是一个十恶不赦的"组合动物"，那么其中必然包含狼和豺的成分。

▼豺（图片摄影：马鸣）

◀ 狼（图片摄影：赵序茅）

▶ 科研人员在野外考察时拍下的狼（图片摄影：邢睿）

✅ 猜想二：灵长类动物

还有一类动物也符合年兽的特性，那就是灵长类动物。灵长类动物分为原猴亚目和猿猴亚目，基本上都是杂食性和叶食性动物，对人类的危害有限，不过它们对人类的袭扰，却经常发生。灵长类动物身体灵活，"抢劫"后就逃走，令人苦不堪言。再加上一些灵长类动物，长相怪异，一副凶神恶煞的样子，比如藏

◀ 聪明的猕猴（图片摄影：赵序茅）

酉猴，很容易被人"妖魔化"。《永嘉记》载："安国
县有山鬼，形如人而一脚，仅长一尺许。好盗伐木人
盐。"这里描述的动物"山鬼"，很有可能是某种灵长
类动物，并且它会"盗伐木人盐"，这和灵长类动物的
习性相吻合。野外灵长类动物体内缺少盐分，它们有
食土的习性，可以从泥土里获取所需的盐分。如果距
离农户比较近，它们是完全有可能入户盗取食盐的。
章炳麟在《噗伧文》里说得更清楚："毋作山魈，鼠窃

▼ 山魈

狗偷。"这里的"山魈"不是非洲的山魈，而是中国的某一种灵长类动物，"鼠窃狗偷"也符合灵长类动物的习性。

如今灵长类动物多分布在人迹罕至的地方，可是古代灵长类动物的分布更加广泛，数量更多。"诗仙"李白在《早发白帝城》里写道："两岸猿声啼不住，轻舟已过万重山。"此句准确地描写了长臂猿的鸣叫。清朝时期，浙江都还有关于川金丝猴的分布记录。时至今日，在灵长类动物分布广泛的地方，依旧出现入室抢劫或拦路抢劫的现象，比如贵阳就屡有猕猴入室抢劫的报道，峨眉山也多有藏酋猴拦路抢劫游客的报道。如此看来，传说中的年兽可能就有灵长类动物的成分。

猜想三：藏獒

民间关于年兽的典籍很少，可是关于年兽的画却屡见不鲜。年兽多出现在紫微星画里。紫微星就是北极星，画上除了紫微星君外，还有一只被锁在石柱上的猛兽，这只猛兽便是年兽，其类似于狮子和狗的结合体。据祝淳翔考证，年画可能是由清代画家罗聘的《胡人异兽图》、明代的《西旅贡獒图》等画演化而来，与之不同的是画中的汉人取代了胡人。此外，画的主题和杜甫的《天狗赋》不无关系。杜甫在《天狗赋》

▲ 藏獒

中写道："夫何天狗嶙峋兮，气独神秀。色似狻猊，小
如猿狄。忽不乐虽万夫不敢前兮，非胡人焉能知其去
就。向若铁柱敱而金锁断兮，事未可救。"赋中包含
天狗、铁柱、胡人，和画中的信息相吻合。据此信息，
可以推测出画中的年兽很有可能是天狗，而西北獒犬
就是天狗的原型。

108

　　根据典籍中关于年兽的描述，很难找到其在动物界的准确原型。年兽不是某一种动物，而是人们将对自然灾害的恐惧高度抽象化而产生的形象。中国在古代是农业大国，威胁农业的自然灾害以及瘟疫，在当时被视为无法抗拒的超自然力量。百姓无法抗拒，于是将其转化为年兽怪物，这和龙的产生如出一辙。通过过年赶跑年兽，以祈求来年风调雨顺。

山魈：世界上最大的猴科灵长类动物。头大而长，鼻骨两侧各有1块骨质突起，其上有纵向排列的脊状突起，其间为沟，外呈绿色皮肤，脊间鲜红色。雄性每侧约有6条主要的沟，其红色部分延伸到鼻骨和吻部周围，这种色彩鲜艳的特殊图案形似鬼怪，因而人称"山魈"。山魈为群居动物，在小群落中生活，嬉戏于丛林及岩石间，主要天敌是花豹，但花豹一般只猎捕雌性山魈和未成年山魈。

知识补给站

冰上"居民"斑海豹

每年的3月1日是国际海豹日。海豹是海豹科下13属18种动物的统称，与海狮、海象等动物一起，被称为鳍脚类。从亲缘关系上看，海豹和狗的关系较近，它们都是由共同的陆生食肉类祖先衍生而来。中国有3种海豹，分别为斑海豹、环斑海豹、髯海豹。

斑海豹的祖先

早在北宋时期，古人就对海豹有所记载和了解。北宋沈括在《梦溪笔谈》中记载："嘉佑中，海州渔人获一物，鱼身而首如虎，亦做虎文，有两短足在肩，指

动物小档案

学名：斑海豹

纲：哺乳纲

目：鳍脚目

科：海豹科

属：海豹属

种：斑海豹

爪皆虎也，长八九尺，谓之海蛮狮。"从这段描述中可以提取几个关键信息：海州、鱼身、首如虎、两短足在肩、长八九尺。其中"鱼身""首如虎""两短足在肩"很明显是对鳍脚类动物的描述。再结合其分布地点，宋代的海州和现今的海州位置大体一致，在中国连云港地区，正是斑海豹的分布区域。另外，成年斑海豹的体长可达180厘米，和"长八九尺"的描述相吻合。因此，《梦溪笔谈》中的海蛮狮很可能是斑海豹。明朝李时珍在《本草纲目》中写道："今出登、莱州，其状非狗非兽，亦非鱼也。但前即似兽而尾即鱼，身

▼环斑海豹

▲ 斑海豹

有短密淡青白毛，毛上有深青黑点，久则亦淡。腹胁下全白色……"现实中的斑海豹全身生有细密的短毛，背部灰黑色并布有不规则的棕灰色或棕黑色的斑点，腹面乳白色，斑点稀少，这和李时珍的描述相吻合。

✅ 组建"家庭群"

斑海豹，亦称大齿海豹，是一种分布于西北太平洋的海豹，也是唯一在中国繁殖的海豹，主要分布于渤海和黄海北部，偶见于东海、南海，其主要繁殖区集中在辽东半岛渤海一侧及山东半岛北侧。

每到繁殖期，斑海豹由集群生活转为家庭生活，它们以单一冰块为单位划分家庭活动区域，雌、雄斑海豹伴居于同一冰块上，产仔后和仔兽组成一个"家庭群"。通常一块浮冰上只有一个"家庭群"。

斑海豹是海中的"游泳健将"，然而初生的仔兽却不会游泳，它们只能待在冰块上，也无法越过冰块。这个时期，仔兽抵抗天敌的能力弱，完全依赖成兽保

▼斑海豹是海中的"游泳健将"

护。当它遇到危险，比如有船驶向冰块时，小斑海豹的爸爸往往会先跳入水中，逃之夭夭。而妈妈则在船离近后才下水，并且不会远离，屡次爬上附近的冰块，或在水中时常露出头来，窥视仔兽可能发生的情况。当船远离冰块后，妈妈立即爬上冰块寻找孩子。如果找不到小斑海豹，它便跟在船后面一直游，因此常被人类捕杀。

斑海豹的哺乳期为1个月左右，待哺乳期结束，仔兽脱换胎毛后，亲兽才离开。当仔兽开始独立生活时，"家庭群"也宣告解散。在冰块融化或者破碎之前，仔

▼斑海豹"家庭群"

兽必须结束哺乳期，独立在水中生活，这是对环境适应的结果。斑海豹由出生幼崽至1龄的阶段，生长最快；性成熟后，生长缓慢。雌性斑海豹生长至10年后，体长不再增加；雄性斑海豹生长至14年后，体长也不再增加。

☑ 水下"顺风耳"

斑海豹除在繁殖、换毛季节到浮冰或岸边上生活外，大部分时间是在水中生活、觅食的。斑海豹主要捕食鱼类和头足类动物，比如梭鱼、枪乌贼、脊尾白虾、小黄鱼等。斑海豹的牙齿和犬科动物比较像，有门齿、犬齿、臼齿之分，但它的牙齿只有咬住和防止食物从口中滑落的作用，没有咀嚼的功能。

斑海豹在水中主要依靠声音进行交流，对声音极其敏感，它们在空气中与水下均具有出色的发声能力，尤其是在求偶期和繁殖期。在繁殖期，雄斑海豹面对威胁时会发出"威吓声"，雌斑海豹吸引幼斑海豹时会发出"引诱幼仔声"。幼仔斑海豹声信号的峰值频率与成年斑海豹相差不大，但发声持续时间比成年斑海豹长。斑海豹在繁殖期声交流频繁，只要有一个个体因遭到噪声的干扰而警觉，其余的个体也会跟着警惕起来，过度的警惕会影响它们的正常生活。科学家发现

▲ 斑海豹在水中对声音极其敏感

斑海豹的主要声频集中在5000赫兹以下，最高可以忍受的高声源级为190分贝。而水下打桩及船舶噪声的主要能量分布频段（0—4000赫兹）与斑海豹听阈敏感频段（100—100000赫兹）及发声频段（400—1500赫兹）相重叠。此外，海洋工程，如水下打桩，其产生的噪声多在260分贝以上，大大超出斑海豹的承受能力。在鳍足类中，斑海豹的听阈最为敏锐，因此海洋工程所产生的水下噪声对斑海豹的听力和声交流能够造成干扰，轻则对其个体造成惊吓，屏蔽动物群体的声交流信号；重则将可能造成斑海豹暂时甚至永久性的听力丧失。

☑ 保护斑海豹的家园

20世纪以来，中国野生斑海豹数量下降很快，董金海和沈峰利用1930—1990年的捕获统计数据，对辽东湾斑海豹的种群数量变化进行了估计。该种群在20世纪30年代初有7100头，并于1940年达到高峰8137头，20世纪40年代至70年代末，由于过度捕杀，其种

▼受伤的斑海豹

群数量几度下降，1979年只有2269头。导致斑海豹种群数量减少的主要原因是环境恶化、过度猎捕、海洋污染等。

我国渤海辽东湾结冰区，是世界斑海豹8个繁殖区中最南的一个，长期过度捕捞和近年来渤海油田开发、海洋工程噪声、海水污染等因素，严重影响了其繁殖栖息的环境，对其生存构成了极大威胁。我国于1988年将斑海豹列为国家二级保护动物，于1992年和2001年分别建立了大连斑海豹国家级自然保护区和山东庙岛群岛斑海豹自然保护区。2021年国家林业和草原局更新了《国家重点保护野生动物名录》，将斑海豹调整为国家一级保护动物。

看！噬元兽！

在电影《惊奇队长》中，有一只"出尽风头"的橘猫，它的名字叫"噬元兽"。很多人都认识橘猫，却很少有人了解橘猫。橘猫是人们对家猫的一个俗称，并不是一个种，橘猫的学名是"Feliscatus"，即野生斑猫。

家猫驯化史

所有的家猫都是野生斑猫的一个亚种，早在一万年前，人类的祖先就已经驯化了家猫。考古学家在塞浦路斯的墓葬中发现了一只猫的遗骸，经测定距今9500年，说明在那个时期人类就与猫发生了密切的

动物小档案
学名：猫
纲：哺乳纲
目：食肉目
科：猫科
属：猫属
种：猫种

▲ 橘猫卡通形象

联系。古埃及人在6000年前就开始驯化家猫，埃及法老的金字塔里就有成千上万只"猫乃伊"。

最初人类把野生斑猫驯化成家猫，是为了抓老鼠。一些航海的船员喜欢携带家猫出海，用来抓船上的老鼠。随着海员出海，家猫的足迹遍布整个亚欧大陆和非洲大陆，乃至世界。虽然，人类和家猫打了上万年的交道，但是人类根本不了解家猫。

家猫都是"近视眼"，它眼睛的聚焦范围在0.3—3米，3米之外的物体在它眼中是模糊的，5米之外根本

▲猫抓老鼠

看不清。眉毛和胡须是家猫重要的感觉器官，这里面包含大量的神经末梢，可以感知周围的风吹草动。有一些人有事没事给橘猫吃蛋糕，殊不知，猫科家族在早期演化过程中丢失了对"甜"的味觉，根本尝不出甜味。

121

▲ 家猫

　　家猫外表看着很可爱，其实它很厉害。对于一些弱小动物而言，家猫就是"猛兽"，尤其是流浪猫。就捕猎能力而言，家猫跟它们的野外"亲戚"——狮子、老虎、豹子相比，有过之而无不及。家猫的身体非常灵活，跳跃高度可达自身长度的5倍，借助爪子的肉垫可以从十几米的高空落下而毫发无损。家猫捕猎的时候，先用耳朵定位猎物，然后瞳孔收缩，同时摆动臀部，预热肌肉，悄无声息地扑向猎物。相比之下，流浪猫的捕猎能力远远超过流浪狗。

✅ 第二号 "杀手"

美国科学家洛斯等人在2003年曾对流浪猫对生态系统的危害进行详细的调查和研究。结果显示：流浪猫的食谱包括25%左右的鸟类和60%左右的哺乳类动物，在美国每年捕杀14亿—37亿只鸟类，69亿—207亿只哺乳类动物。猫科动物有多杀的习性，相比于主人的食物，它们更倾向于外面的食物。流浪猫（完全不需要主人喂食）的捕猎能力大概是宠物猫的4倍。流浪猫捕食的猎物多在200克以下，这给许多鸟类和小型哺乳类动物带来"灭顶之灾"。美国鸟类协会曾做过一个统计，认定猫是鸟类的"第二号杀手"，其危害程度仅次于栖息地破坏。流浪猫严重破坏了当地生物的多样性，尤其是鸟类多样性。

流浪猫强悍的捕猎能力已经对生物多样性造成严重的破坏，并且这种破坏不可逆转。在过去500年间，美国史密森尼候鸟研究中心的研究结果表明，流浪猫直接或间接造成了63个物种的灭绝，有33个物种的灭绝与猫的捕猎有关。在英国估计有900万只猫，其中800万只宠物猫每年至少捕杀2.75亿只动物，剩下100万只流浪猫捕杀的动物数量恐怕还要大于此数。以澳大利亚为例，18世纪末欧洲人到达澳大利亚的时候，随之而来的猫由于没有天敌制约，很快在澳大利亚"兴风

作浪"。在此后短短100年的时间内，大耳窜鼠、短尾窜鼠、白足兔鼠、宽脸长鼻袋狸等多个物种相继灭绝。

同样，猫过多也不是好事。猫具有超强的繁殖能力，这为流浪猫的繁衍提供了先决条件。猫7—8个月性成熟，妊娠期一般为2个月，哺乳期2个月，并且猫一年可以繁殖2—3胎，每胎产2—6只，生命可达10—15岁。对于这些数字，一般人可能没有概念。举个例

▼流浪猫

子大家就知道数字背后的力量了。一对猫及其后代7年可以繁衍20万—40万只，100对猫就是2000万—4000万只，相当于北京市的人口了。况且，猫会不断繁衍！当然，这仅仅是理论上的估测，现实中并没有出现遍地是猫的场景。实际情况是，由于疾病、食物限制、非法捕杀等原因，流浪猫的寿命多在3—5岁，很少超过10岁。但是，由于中国流浪猫的基数庞大，加上猫强悍的繁殖能力，中国的流浪猫问题依旧严峻！

为什么**狗**通人性?

狗是人类较早驯化的动物之一，也是和人类关系较为密切的动物之一。人们普遍认为狗通人性，民间有言："灵犬八德——忠、义、勇、信（勤）、智（猛）、善、美、劳。"狗通人性其实是说狗能够领会人类的指令，和人类配合默契。

✅ 狼是狗的祖先

人类驯养的动物有很多，比如猪、猫、羊、牛，为什么认为狗通人性呢？首先要从狗的驯化历史说起。

狼一直与人类分居，随着智人的出现，大约在4万年前，狼开始走进人类社会。据推

动物小档案

学名：狗

纲：哺乳纲

目：食肉目

科：犬科

属：犬属

种：灰狼

▲ 公园里尽情奔跑的狗

测，可能是在更新世时期，早期的人类向北半球迁徙。那个时期，虽然存在包括剑齿虎在内的大型猫科动物，但只有狼才是人类唯一的竞争对手。狼作为社会性动物，它们的捕猎能力极强，人类时刻面临着狼群的威胁。4万年前的人类具有和狼类似的生活方式：二者都是以合作捕猎的方式捕食其他动物，可以杀死比自己强大的动物；人和狼都结成了很大的家族群体，因为感情和对首领的支持维系在一起；为了保持复杂的社

会关系，人和狼都有敏锐的意识，形成复杂的问候方式和交流技巧。

在人类与狼长期的较量中，聪明的人类化敌为友，将一些意志薄弱的狼，驯化成狗，为自己所用。早在狼聚集在人类居住地并从垃圾中寻找食物时，它们便开始了自我驯化。这种生活方式比打猎更容易维持稳定的生活。当然，只有警惕性低、不大怕人的狼才会靠近人类，而人类也会容忍那些进攻性低的种类。于是，这些靠近人类的狼，它们的警惕性越来越低，变得更加顺从。然后，它们之间互相交配，将这些适应人类的性状遗传下来。经过许多代的进化，这些与人相伴的狼不再需要强有力的下巴和可怕的牙齿，它们就这样演变成了狗。要从化石标本中确定狼演变成狗的过渡时间，最可靠的方法就是观察其下巴和牙齿。和狼相比，狗的下巴更短，牙齿也更短（小）。

时至今日，狗依旧保留了很多狼的特征：它们大都视觉、嗅觉、听觉敏锐，捕杀其他动物，积极地保卫自己的领地；狗和狼一样对群体很忠诚，对地位和等级有准确的认识；它们的交流模式包括发声、面部表情以及身体姿态都很像，以几乎同样的方式来表达友爱、愤怒、恐惧、控制和顺从。狗与狼之间的微小差异，来自人类的"杰作"。

✅ 人类的好帮手

　　人类驯化出狗是人类历史进程中的一大壮举，自从有了狗的协助，人类大大提高了狩猎本领，提升了应对其他野兽威胁的能力。人类通过驯养、控制与选择性的繁殖，将狼身上的遗传因子转移到狗身上，使狗的某些特征得到了加强，同时也削弱了其他特征，

◀ 边境牧羊犬

从而导致狗的体形、外貌、毛色、品质等各不相同。目前，我们所见到的一些优秀品种的狗只有少数来自古老的血统，大多数都是19世纪人工选择杂交而来的产物。

狗被驯化出来后，是作为人类的帮手而存在的，而人类对牛、羊、猪的驯化多是出于食物的目的，驯化狗和驯化其他家畜的目的不同，决定了它与人类的默契程度不同。后来随着时代的发展，人类解除了来

▼贵宾犬

▲ 德国牧羊犬

自野兽的威胁，不再需要狗进行狩猎，它们开始慢慢被培育成工作犬和宠物犬，帮人类解决工作中的问题：狗可以帮助人类放羊，如牧羊犬；在缉私查毒、破案追踪中，警犬的功绩举不胜举……如今狗的品种多达300—400个品种，与其他野生哺乳动物相比，不同品种的狗在行为和形态上千差万别，但它们之间不存在实质性的生殖隔离，可以彼此交配。不同的狗在智力上有明显的差异，从工作和服从性上看，排名前列的为：边境牧羊犬、贵宾犬、德国牧羊犬，而巴吉度猎犬、獒犬则是倒数。

✅ 狗比猫聪明

　　此外，狗通人性和它自身的智商是分不开的。狗与人类的关系没有因为时代的进步而疏远，反而更加默契。狗被认为是较聪明的动物之一，经过训练的狗常有惊人之举，警犬在破案追踪中屡立奇功。哈佛大学生物与人类学家布赖恩·海尔等人的相关研究表明，

▼狗是人类的得力"帮手"

狗会领会人类的暗示，与人类的沟通能力远远超过人类的近亲黑猩猩。进化并没有磨灭狗解决问题的能力，而是训练了它理解人类的能力。奥地利动物学家康拉德·劳伦兹说，狗在两项与智力相关的品质上远远胜过其他野生动物，那就是适应性和好奇心。

那么狗究竟有多聪明呢？它和猫相比，谁更聪明呢？

脑容量和体形的比值——脑形成商数（Encephalization quotient，EQ），是衡量人和动物智商的一个指标。人类的EQ大约是7.5，黑猩猩是2.5，恒河猴是2.1，狗是1.2，猫是1.0，兔子是0.4。在动物界中，狗的智商属于偏上水平，要领先于猫。此外，牛津大学的科学家研究了过去6000万年里存在过的500种哺乳动物的大脑，发现相比于独处动物的大脑，社会型动物的大脑演化得更加发达。作为社会型的狗比喜欢独处的猫演化出了更发达的大脑，因为狗需要处理更复杂的社会交往问题。

不过近年来，狗在家畜中的智商地位屡屡受到猪的挑战。美国埃默里大学神经生物学家罗莉·马里诺经研究发现，猪具有认知能力，和狗、黑猩猩、大象、海豚等高智商动物一样。研究人员借助10多项指标，将猪与其他动物进行对比发现：猪具有长期记忆能力，擅长迷宫游戏，可以完成定位寻找物体的任务，能够

理解一些简单的符号语言，掌握涉及动作和物体的复杂符号和标志，会互相学习和共同协作，具有情感特征。

即便如此，在人类眼中猪也无法挑战狗的地位，这一点在它们被驯化之初就已经决定，狗是人类的帮手，而猪是人类的食物。

无处不在的老鼠

提到老鼠，可能会想到"过街老鼠，人人喊打"这句俗语，似乎老鼠天生就是个十恶不赦的家伙。其实，老鼠的适应能力极强，是一种十分机灵的小动物。

动物小档案

学名：老鼠

纲：哺乳纲

目：啮齿目

科：鼠科

属：鼠属

种：老鼠

预知吉凶灾祸

古代人们普遍认为老鼠具有非凡的灵性，能预知吉凶灾祸。其实，这是有生物学依据的。

伴随地震产生的化学、物理变化（振动、电、磁、气象、水氡含量异常等），往往能使一些动物的某种感觉器官受到刺激而让这些动物产生异

135

▲ 夜幕下的老鼠

常反应。人只能感受到每秒20次以上的声波，而动物则不然。老鼠的感觉十分灵敏，在感受到这种声波时，便会惊恐万状。在唐山大地震前夕，人们惊异地发现鼠群向郊外奔窜，或者成群结伙地蜷缩在马路、街道等相对空旷的地方。类似的事情，在古代曾上演过多次，古人认为老鼠是"通灵"的神物。

✅ 强大的繁殖力

老鼠嗅觉灵敏、胆小多疑、警惕性高，身体十分灵巧，能穿墙越壁，奔行如飞，并且繁殖力强，成活率高。譬如一只母鼠在自然状态下每胎可产5—10只幼鼠，最多可达24只，而妊娠期只有21天，母鼠在分娩当天就可以再次受孕，幼鼠经过30—40天发育成熟，其中的雌性又加入繁衍后代的行列。如此往复，母鼠一年大概可以生育5000只幼鼠。

鼠的生存能力也极强，它的成活率高、寿命长，如非遇到天敌的袭击或人类大规模的扑灭，大多数都能安享晚年、寿终正寝，并且子孙满堂，这是其他动

▼老鼠拥有极强的适应能力

物可望而不可即的。老鼠对自然环境的适应性极强。它们的踪迹遍及世界各地，无论是平原、山岭、森林、草原，还是荒漠、冰原，甚至连天上的飞机、海上的轮船也是老鼠活动的"天堂"。地球上老鼠的数量远远超过人类的数量。

☑ 老鼠家族的贡献

现实中，老鼠是一个大家庭，主要成员为啮齿目

▼麝鼠

下的一些中小型动物，比如用于做实验的大鼠、小鼠；野外生活的田鼠、仓鼠、鼹鼠、沙鼠，森林中的松鼠、鼯鼠等；还有半水生的麝鼠，以及城市和农村家里经常见到的小家鼠、大家鼠（褐家鼠）等。这些动物统统都可以被称为"老鼠"。也有一些动物如河狸、豪猪、旱獭等，也是老鼠的近亲，但是不以鼠为名。家中生活的老鼠，给人的印象非常坏，它们不是偷粮食、破坏庄稼，就是咬碎衣物、传染疾病。实际上，在野

▼仓鼠

外生活的鼠类（属于啮齿动物）在自然界中非常重要。

据中科院动物研究所王德华研究员介绍，鼠类在种类上占绝对优势，在现今大概4000种哺乳动物中，接近一半是啮齿动物（鼠类）。这类物种的生存方式多样，适应能力极强，几乎各种环境中都有它们的身影，是大自然这个大家庭的重要成员。

老鼠这个庞大的家族是食物链上的重要一环。在野外，老鼠以植物的种子、果实以及昆虫等为食物，而它们又是一些中小型猛禽和猛兽，比如猫头鹰、蛇、狐狸等动物的食物。如果没有老鼠家族的贡献，很多以老鼠为食的动物就无法生存，大自然也就不会有如此丰富的动物种类。

▼实验室中的老鼠

此外，很多老鼠有储存食物的习惯，它们会把一些植物的果实、种子藏进自己的洞中。来年春天，一些被老鼠遗忘的种子，或者因为老鼠被天敌捕杀而被遗弃的种子，就会萌芽，而老鼠洞穴中的粪便，又为这些植物的成长提供了充足的养分，可以使其茁壮成长。因此，老鼠对植物种子的传播起到很大的作用。

虽然老鼠在人们心中的形象很坏，但是它们为人类社会做出了不少贡献。我们现在生物学、医学、药理学等很多学科的研究发现和成果，多数是在研究老鼠的过程中发现的。每一种新药的研发，都需要用大批的老鼠进行实验，它们为了人类的健康献出了自己的生命。而且大多数老鼠生活在野外偏远的地方，和人类的交集很少，它们对生态平衡起着不容忽视的作用。

"森林之王"有多厉害

老虎是大型猫科动物，现存6个亚种——东北虎、孟加拉虎、印支虎、马来亚虎、苏门答腊虎、华南虎。体形最大的是东北虎，野生成年雄性东北虎，尾长1米左右，肩高1.02米，全长可达3.5米（含尾），体重可达300千克；体形最小的是苏门答腊虎，体重80—150千克。

✅ 武松 VS 老虎

《水浒传》中"武松打虎"的故事家喻户晓，现实中武松在赤手空拳的情况下真的是老虎的对手吗？

老虎是食肉动物，从小型的野兔到大中型的鹿、野猪、野牛都是

动物小档案
学名：老虎
纲：哺乳纲
目：食肉目
科：猫科
属：豹属
种：虎

▲ 东北虎（图片摄影：陈晓东）

老虎的捕猎对象。下面以拳击运动员和成年雄性老虎作对比、分析，就知道武松是不是老虎的对手了。

　　首先从体重和力量上进行对比：人类成年男子的平均体重为60—120千克，现代拳击运动分17个比赛级别，一百多年来共出现过2000多个各级别的冠军，其中只有15—20人能拿到3个级别的冠军，而且大多集

中在60—75千克这个区域，体重差异往往是5—8千克（约为体重的10%）；能拿到5个以上级别的冠军有史以来只有3个人——赫恩斯、伦纳德、霍亚。在搏斗方式、技巧、经验等相同的情况下，如果选手之间体重相差10%，几乎能决定80%以上的胜负。将人类最强的91千克级别的格斗高手（体重过重影响身体灵活性）

▼ 苏门答腊虎

和老虎中体重最轻的成年雄性苏门答腊虎进行对比，在体重上尚且有差距。再看力量，老虎一掌拍下去的力量可达1200磅，世界拳王泰森拳击的最大力量不过600磅。

只从体重和力量上进行对比尚不能下结论，下面继续从进攻能力上进行比较：

俗话说："天下功夫唯快不破！""功夫巨星"李小龙一秒可以出9拳，人类百米纪录的保持者博尔特用9.58秒跑完100米。在老虎面前，这速度简直不值一提，有人统计过笼养老虎的百米速度是4.43秒。在移动速度方面，人类处于完全劣势，而老虎四肢着地的移动方式也比人类直立的方式有更好的稳定性和灵活性，猫科动物的神经反应完全可以做到"后发先至"。有数据显示老虎的柔韧性、灵活性、爆发力远超人类：老虎可跳12米以上，人类的纪录是8.95米；老虎牙齿的咬力可达1200磅，人类200磅不到；老虎有4枚长度6厘米以上的圆锥状犬齿，攻击人类时一次就能穿透皮肤、撕裂肌肉、击断骨骼，而人类的门齿长度只有1厘米左右，连老虎的皮肤都无法咬破。

接下来再看防御能力：

人类直立行走的生活方式在和动物单挑时有两个致命的弱点：一是胸腹完全暴露在动物的正面打击之

下；二是直立行走时只有两下肢负责地面支撑，在激烈的打斗中很容易因失去平衡而跌倒。此外，人类的皮肤、肌肉不够厚实，根本无法有效抵御老虎爪牙的攻击。而老虎厚重浓密的皮毛和强大的肌肉完全可以抵挡人类的徒手攻击。

因此，在现实生活中，武松不可能是老虎的对手。人类能成为生物的"佼佼者"靠的不是筋骨强劲、爪牙锋利，而是人类发达的大脑。

✅ 老虎 VS 狮子

现实中，不仅武松不是老虎的对手，就连"万兽之王"狮子也未必是老虎的对手。在猫科动物大家庭中，老虎是森林里的王者，狮子是草原上的霸主。老虎和狮子都是各自地盘上的王者，在自然状态下，它们几乎不可能相遇。但是好奇的人类一直乐衷于比较它们谁更厉害。

从体形上看，虎是世界上最大的猫科动物。不仅如此，虎有伸缩自如、长10厘米的利爪，有杀伤力极强、长8厘米的上犬齿。猛虎一跃而起，高达3米，远7米有余，顺坡而下，一纵身可达10米。无论是飞禽还是走兽，都对虎"敬而远之"。

从捕猎方式上看，狮子是团队协作的典范，依靠团队制服猎物。有"家室"的雄性狮子几乎不去捕猎，

▲狮子通常是团队"作战"

而是"坐享"雌性狮子的捕猎成果。老虎耳聪目明，只是嗅觉差些，如果顺风，也能嗅到200米外的猎物的气味。老虎性情孤僻，很少结伴，除了繁殖期，总是独来独往。方圆上百里的森林里只能有一只老虎生存，即便是"夫妻"也只能在发情期的时候，短暂地生活在一起。所以，如果论"单打独斗"的能力，老虎自然比狮子"更胜一筹"。

万万没想到 动物有话说

不容乐观的处境

　　有"森林之王"之称的老虎，如今却面临"消失"的危险。由于人类大量砍伐森林，老虎的家园遭到破坏；加上非法捕杀，其野生种群已经从20世纪的10多万只锐减到目前的3000—5000只。老虎现存于13个国家：孟加拉国、不丹、柬埔寨、中国、印度、印度尼

▼华南虎

西亚、老挝、马来西亚、缅甸、尼泊尔、俄罗斯、泰国和越南。其中三个亚种已经灭绝，分别是巴里虎、爪哇虎和里海虎。中国境内分布着现存6个老虎亚种中的4个野生亚种，即华南虎、东北虎、印支虎、孟加拉虎。

中国华南虎野外种群已经灭绝。历史上，东北虎曾广泛分布于中国东北林区。由于遭到捕杀和原始森林的丧失，现在只有12—16只东北虎生活在中国东北地区，多半还是从俄罗斯西西伯利亚流浪过来的。

印支虎的情况也不乐观。根据自20世纪90年代中期以来的报道，估计云南省的老虎数目仅为30—40只。2009年的官方报道为14—20只。这些老虎可能生存于西双版纳、临沧、红河和思茅地区。经野外调查估计，目前野外种群不会超过10只，而且可能都为跨边境的个体而非留居虎。

孟加拉虎的分布，曾经东至西藏南部和东南部以及云南西部的阔叶林区，目前其处境也岌岌可危，可能只在西藏的墨脱县存在一个残存种群。目前在墨脱的老虎种群已经成为孤立的小种群，很可能包含了在中国最后一个"留居"的孟加拉虎种群。

蝙蝠无罪

全球有1400多种蝙蝠，蝙蝠是世界上分布较广、数量较多、进化较成功的哺乳动物类群之一。在哺乳动物中，蝙蝠是仅次于啮齿类动物的第二大类群，其种类占哺乳动物物种数的20%。

✅ 病毒储藏库

蝙蝠是自然界中较大的病毒库之一，科学家已在近200种蝙蝠身上发现超过4100种病毒，其中冠状病毒超过500种。由于其自身的生理特性和特殊的免疫系统，蝙蝠对大多数病毒表现出较强的耐受力，因此是许多病毒的天然宿主。蝙蝠不仅是冠状病毒的主

动物小档案
动物属性：蝙蝠
纲：哺乳纲
目：翼手目
科：16科
属：185属
种：962种

▲普通蝙蝠（图片摄影：赵序茅）

要宿主，也是许多病毒的自然宿主，包括埃博拉病毒、马尔堡病毒、狂犬病毒、亨德拉病毒、尼帕病毒等。

　　为什么非典型性肺炎病毒、埃博拉病毒、尼帕病毒等会导致人类和其他哺乳动物患上严重的疾病，甚至导致死亡，而蝙蝠却安然无恙呢？

　　研究表明，蝙蝠天然免疫系统的组分与其他哺乳动物相同，包含干扰素、干扰素激活基因以及自然杀伤细胞等。组分相同，但面对致命病毒时的表现却不同，蝙蝠的天然免疫系统在分子功能以及调控表达上

可能存在特殊性。确实，蝙蝠的天然免疫系统中的一些组分相较于其他哺乳动物更为活跃，说明蝙蝠体内可能具备一种"时刻准备好"的抗病毒策略，也就是说，蝙蝠的免疫系统始终处于警惕状态，从而在病毒进入体内感知到并做出反应的"空档期"，也可以有效地抑制病毒复制。另外，蝙蝠体内许多与过度免疫和炎症反应相关的分子却在表达和功能上都受到抑制，避免使组织器官在抗病毒期间受到损伤。因此，蝙蝠通过活跃的天然免疫系统和抑制炎症反应，达到了与病毒共存的结果。

▼马尔代夫蝙蝠

正是蝙蝠独特的抗病毒能力，使我们对于蝙蝠的天然免疫系统的研究变得尤为重要，这可以帮助人类更好地理解疾病的发生与控制，研究对抗病毒的新手段，进而开发出新的治疗方式。

☑ "潘多拉"魔盒

蝙蝠就像是一个装满了各种病毒的"潘多拉"魔盒，那为什么不消灭蝙蝠呢?

其实蝙蝠只是病毒的携带者，它身上的病毒无法直接传给人类，只要人类不"招惹"蝙蝠，蝙蝠就会帮助人类"封印"那些可怕的病毒。如果消灭蝙蝠，就会适得其反。例如，非洲乌干达曾经消灭了一个金矿中的十万只蝙蝠，可是几年后，携带马尔堡病毒的蝙蝠飞来了，紧接着，这里爆发了乌干达历史上最大规模的"马尔堡出血热"。

事实上，蝙蝠传播人畜共患病的最主要原因是人类的干扰。人类对森林的砍伐减少了蝙蝠的自然栖息地，迫使它们离开原来的生态位，蝙蝠失去了平常的觅食和行为模式，侵入人类居住地附近，它们直接或间接地将病毒传播给人类或家畜。如果蝙蝠将取食的地方选在人类居住的地方，无形中就增加了蝙蝠跨种传播体内病毒的机会。若是人类将蝙蝠当作野味来食

用，那么传播疾病将会是蝙蝠最好的反击手段。只要人类不干扰蝙蝠，不破坏蝙蝠的家园，不食用蝙蝠和蝙蝠的食物，蝙蝠携带的病毒可能就不会传播给人类。

蝙蝠是生态系统中的重要一环，在害虫控制、种子传播、植物授粉以及森林演替等方面发挥着举足轻重的作用。尽管不同的蝙蝠物种表现出食虫、食果、食蜜、食鱼、食肉甚至食血等多种多样的食性，但超过三分之二的蝙蝠专性或兼性地以昆虫为食。在生态系统中，蝙蝠是夜行性昆虫的主要控制者，每晚可以捕食大量的昆虫。因此，人类不仅不能猎杀蝙蝠，还应该加强对蝙蝠的保护。但现实情况是，蝙蝠面临着多重威胁，生存状况不容乐观。

▼飞行的蝙蝠

第三章
两爬

古老的斑鳖

斑鳖也称斯氏鳖或黄斑巨鳖，是世界上最大的淡水鳖，背甲长达1.5米，体重可达115千克。早在人类出现之前，斑鳖就在地球上存在了，斑鳖的家族曾经非常庞大，广泛分布在中国的长江流域（如太湖）和红河流域。在中华5000年的文化中，处处可以看到斑鳖的身影。

溯源斑鳖家族

动物小档案

学名：斑鳖

纲：爬行纲

目：龟鳖目

科：鳖科

属：斑鳖属

种：斑鳖

早在3000年前，商朝出土的青铜铭文中就有记载："丙申，王于洹，获。王一射，射三，率亡（无）废矢。王令（命）寝（馗）兄（贶）于作册般，曰：'奏于庸，作女（汝）宝。'"

▲ 斑鳖（图片摄影：陈晓东）

这句话的意思是：商王在洹河射杀了一只斑鳖，随后下令以斑鳖为原型铸造青铜鼋（yuán）。商朝时期，斑鳖叫鼋。虽然，现在龟类家族中也有一位成员叫"鼋"，但其实是人类"张冠李戴"。商朝青铜鼋的外形有最明显的两处特征：硕大的头部和突出的鼻吻，和斑鳖的外形相吻合。如今被叫作"鼋"的龟类，头部略小，鼻吻部不突出，和斑鳖不是一个种。因此，斑鳖才是真正的鼋。

商朝之后，西周时期，周穆王在行军途中，遇到九江阻隔，无法渡江。情急之下，周穆王下令捕抓斑鳖和扬子鳄，用来填河造桥。这就是成语"鼋鼍（tuó）为梁"的由来。这个成语足以证明早在西周时期，斑鳖就拥有庞大的家族，否则不足以被用来填河造桥。

斑鳖还有一个名字叫癞头鼋，该名字在江浙一带流传。很多风景园林中，经常有一只大乌龟拖着一块石碑的雕刻，那就是斑鳖的原型。在一些演义中，斑鳖被唤作赑屃（bì xì），又名霸下，相传是龙的第六子，天生神力，可以背负三山五岳，后来被大禹招安，成就了一段治水神话。

在四大名著中，有两部作品都提到了斑鳖。在《西游记》中，驼着唐僧师徒四人渡过通天河的老龟就是斑鳖，后来，唐僧答应斑鳖的事没有做到，返程时斑鳖一怒之下将他们掀翻在水中。另外，在《红楼梦》第二十三回《西厢记妙词通戏语，牡丹亭艳曲警芳心》中，贾宝玉说："明儿我掉在池子里，教个癞头鼋吞了去，变个大王八，你明儿做了'一品夫人'病老归西的时候，往你坟上替你驮一辈子的碑去。"这里提到的癞头鼋正是斑鳖的别称。

再见了，斑鳖

　　随着人类活动范围的不断扩张，斑鳖的生存环境遭到破坏，斑鳖的数量不断减少。尤其在进入20世纪后，斑鳖家族遭到毁灭性的打击。20世纪60年代，随着污染加剧、环境恶化、人类过度捕捞，生活在长江的斑鳖家族遭遇"灭顶之灾"，不久之后"全军覆没"。

▼红河岸边

而另一支生活在云南红河流域的斑鳖家族，处境也不容乐观。20世纪50年代到70年代，生活在红河流域的斑鳖遭到人类大规模的捕捞，之后流落到国内的各个动物园。由于长期的过度捕捞，2006年之后，斑鳖在红河流域彻底消失。

直到20世纪90年代，斑鳖才受到人类的重视。当时，全国仅有4只斑鳖，苏州有3只，上海有1只。后来，苏州的2只斑鳖和上海的1只斑鳖相继去世。不过，人类发现长沙动物园还有1只雌性斑鳖，于是工作人员在2008年，将仅剩的2只斑鳖"撮合"在一起，希望它们能产下后代，为整个斑鳖家族延续"香火"。可是，雌性斑鳖一直没能怀孕，就在第五次人工授精之后，那只雌性斑鳖也去世了。

地球上的万千生灵彼此相互联系，构成一个共同的地球命运体。斑鳖家族从地球上消失了，还有无数个动物家族即将消失，物种保护，迫在眉睫。

神话中的神兽

　　传说鱼经过五百年化成蛟，蛟修炼一千年，便成走蛟，会沿江入海化为龙。蛟即蛟龙，是古代神话中的神兽，是拥有龙族血脉的水兽（包括鱼、蛇等水族）在朝龙进化时的其中一个物种，只要渡过劫难就可以化为真龙，拥有强大的力量。那么，蛟龙究竟是一种什么动物呢？它在现实中存在吗？

蛟龙传说

　　许慎在《说文解字》卷十三中写道："蛟，龙之属也。池鱼，满三千六百，蛟来为之长，能率鱼飞，置筍水中即蛟。"这段话多是虚构，唯一可信的是，蛟生活在水里，周围有鱼。

　　三国时期的训诂学家张揖在《广雅·卷十》中说道："蛟状鱼身而蛇尾，皮有珠鼍（tuó），似蜥蜴而大身，有甲皮，可作鼓。"这里描述了蛟的外形：鱼身、蛇尾、似蜥蜴。

晋朝的郭璞在《山海经传》中提道:"蛟似蛇,四足龙属,其状鱼身而蛇尾,其音如鸳鸯。"大致的意思是,蛟长得像蛇,身上长有鱼鳞和蛇的尾巴,声音如同鸳鸯的叫声。

唐代经学大师颜师古在《汉书注》卷五七中引郭璞对蛟所作的另一个更为详细的解释是:"其状云似蛇,而四脚细颈,颈有白婴,大者数围,卵生子如一二斛瓮,能吞人也。"

宋代文人彭乘在《墨客挥犀》中写道:"蛟之状如蛇,其首如虎,长者数丈。多居溪潭石穴,声如牛鸣。岸行或溪行者,时遭其害。见人先腥涎绕之,即于腰下吮其血,血尽乃止。"

从这几段描述中,可以提炼几个关键词作为蛟龙共同的特征:蛇状、鱼身、有脚、近水、可食。根据科学的考证方式和现代动物的分类方法,可以推测出蛟龙是不存在的。不过,鳄鱼倒是很接近蛟龙的特征。

☑ 龙的原型

提到鳄鱼不得不说中国特有的扬子鳄。最早,人们根据其形态将其命名为"鼍",鼍是象形字。元明时期,人们改称其为"猪婆龙",并入龙类。如今在扬子鳄产区,当地百姓还常称它为"土龙"。

扬子鳄是世界上现存的23种鳄鱼中濒危的种类之一。早在2000年就被《世界自然保护联盟濒危物种红色名录》列为"极危"级，当时大熊猫被列为"濒危"级（现在大熊猫是"易危"级）。扬子鳄野生种群极其濒危，数量不足120条。扬子鳄曾是恐龙的近亲，从距今1.4亿—1亿年前的白垩纪演化生存至今。而且，作为鳄类中唯一的遗存，扬子鳄仅在中国被发现。

扬子鳄是水陆两栖型爬行动物，尽管它们平时在陆地上爬行时，腹部拖地，极为笨拙，但捕食时的动作极其迅猛、果断。它们的食物也非常丰富，不仅猎捕鼠、鱼、鳖、螺、蚌、蛙，甚至连兔子等小型动物也不放过。同时，扬子鳄的胃部消化能力很强，耐饥性也较强，即使半年不吃食料，也不会饿死。蛰伏时深居洞穴，双目紧闭，趴伏不动，这些较强的适应能力使扬子鳄曾经分布较广。

扬子鳄被称为"土龙"，是因为人们把扬子鳄响亮的叫声与风雨的来临联系在一起，以为风雨雷电与它密切相

动物小档案
学名：扬子鳄
纲：爬行纲
目：鳄目
科：短吻鳄科（鼍科）
属：短吻鳄属
种：扬子鳄

关。再加上扬子鳄相貌狰狞、行踪诡秘，使人心生敬畏，在古人心中就逐渐演变成能够呼风唤雨的神灵——龙。

其实，扬子鳄的吼叫与其繁殖行为关系紧密，吼叫的主要目的是吸引异性，同时起到保护领地的作用。扬子鳄在每年的3月开始吼叫，11月停止吼叫，其中在6月扬子鳄的吼叫最为频繁。一般扬子鳄发出

▼扬子鳄（图片摄影：陈晓东）

"哄！哄！"的单调吼叫声，每声持续的时间短，但传播的距离远，这种吼叫声是由于扬子鳄没有声带，其肺内空气被有力压缩冲出鼻道时，外鼻孔突然开启而产生的。

严峻的生存环境

虽然龙在传说中是呼风唤雨的神兽，但其原型扬子鳄的现实遭遇却十分悲惨。2004年，王小明教授的研究表明：20世纪50年代扬子鳄数量急剧下降，从500—600条下降为120条。历史上扬子鳄的分布范围

▼扬子鳄捕食

要比现在大得多：东起上海和浙江余姚，西达新疆准噶尔盆地南缘的呼图壁；南自海南儋州，北止呼图壁。扬子鳄如今的分布范围大大缩小，仅限于江苏、浙江、安徽等部分地区。

我们可以把扬子鳄的濒危归结于天灾和人祸。扬子鳄作为一种外温动物，对于气候变化非常敏感。它的生活习性与环境温度紧密相关：每年的10月下旬至次年4月底，处于冬眠期；5月下旬至9月下旬，处于繁殖期。根据文焕然先生的考证：我国近8000年来冬半年气候变迁呈现阶段性由暖转冷趋势，这与扬子鳄的分布北界不断南移是吻合的。

考古发现了7000年前先民食用扬子鳄的遗弃物，结合《礼记》《本草图经》《埤雅》《本草纲目》等书籍中的记载——扬子鳄为"羞（馐）物""合药鼍鱼甲""鼍身具有十二生肖肉""南人嫁娶，必得食之"等，反映了捕食扬子鳄的历史久远。在襄汾龙山文化墓地及安阳等地多件鼍鼓出土，表明距今4300年前先民已知晓在取食鳄肉之余用其皮革蒙鼓的方法。南宋开垦荒地和围湖造田的规模空前，引起连锁反应，加速天然植被破坏，严重危害了扬子鳄的生存；明代初期，朱元璋甚至荒唐地将扬子鳄（当时亦称猪婆龙）与自己的姓氏联系起来，认为其辱没了皇姓而下令剿

灭，这更使江浙一带，尤其是南京地区的扬子鳄惨遭灭顶之灾。明清之后，人口直线上升，对扬子鳄生存环境的破坏更加严重。

到了近代，王小明教授研究发现，扬子鳄种群的致危因素主要是栖息地被破坏、人为捕杀、环境污染、自然灾害、繁殖力低等。如20世纪50年代到80年代，由于开垦农田等生产活动，扬子鳄的栖息地面积大幅度减少。据统计，在这30年间，扬子鳄的栖息地面积减少了四分之三以上；在1958年前后的大规模消灭血吸虫运动中，人们在沟、塘边大量使用五氯酚钠消灭钉螺，也使得扬子鳄缺乏食物甚至被毒死，在分布区域内数量明显减少。

不像蟒蛇的蟒蛇

提到蟒蛇，人们往往会想到热带雨林里那些体长7—8米的巨型怪兽，相比之下，常见于新疆的蟒蛇体形就小得多了。常见于新疆的蟒蛇叫作东方沙蟒，它们生活在沙漠和戈壁地带，数量较多，分布广。东方沙蟒的头部和颈部之间没有完全区分，整个身体非常粗壮，因此东方沙蟒整体看上去就像一根干枯木棒，当地村民还给它起了一个俗称，叫作"土棍子"。

动物小档案
学名：东方沙蟒
纲：爬虫纲
目：蛇目
科：蟒科
属：沙蟒属
种：东方沙蟒

逃生大绝招

和大多数蟒蛇一样，东方沙蟒也是卵胎生，每年6—8月，雌性个体会产下10条左右的幼蛇。东方沙蟒在每年4月中旬出蛰，春秋两季温度较低时，它们多在晨昏外

出活动。到了夏季，温度升高，东方沙蟒开始在夜间活动，白天它们会躲在啮齿目动物的洞穴里或者沙子下10厘米处来避暑。

　　新疆多地流传着东方沙蟒会以死者遗体为食的恐怖传言，原因是某些荒地迁坟的时候，人们会在墓地的棺材附近发现许多东方沙蟒的身影。然而事实并非如此，东方沙蟒之所以会出现在棺木附近，只是因为它们把墓地中的缝隙当作临时的藏身之处或者冬眠的场所。

▼东方沙蟒一般生活在沙漠和戈壁地带

在荒漠中生存，东方沙蟒的天敌有很多，为了躲避天敌的袭击，东方沙蟒身上的保护色可以很好地将它们隐藏起来。东方沙蟒的体色和沙漠地带的土壤非常相似，典型的土灰色，以及杂乱点缀着的黑色和棕色的斑点，像极了沙漠迷彩，能和自然环境的颜色很好地融合在一起。

除了拥有出色的保护色，东方沙蟒的头部小，形状扁平，像把铲子，能够帮助它们快速潜入沙子下

▼新疆塔克拉玛干大沙漠

171

▲东方沙蟒（图片摄影：王瑞）

面，而且钝钝的尾巴形状跟头部类似，能有效地迷惑捕食者，使之很难快速分辨出猎物真正的头部，为逃脱延长了时间。正因为如此，东方沙蟒又俗称"两头蛇"。

如果不幸被天敌发现，东方沙蟒还有最后的绝招。遇到危险，它会张开肋骨，使整个身体呈扁平状，此时它们的体形看起来要比平时增大许多，以此来恐吓天敌。如果被天敌抓住，东方沙蟒会将泄殖腔外翻，在天敌身上来回刮蹭，同时释放一股极其恶臭的气味，没准这会让天敌胃口大跌，从而得以逃生。

✅ 人类天生怕蛇

似乎只要一提到蛇，人类就会不由自主地产生恐惧感。其实，人类对蛇的惧怕是镌刻在基因里的，这种恐惧是出于自我保护。如果人类没有怕蛇的基因，就很容易被毒蛇杀死，然后被自然选择淘汰。时至今日，人类对蛇的恐惧依旧存在。

虽然蛇看起来很恐怖，但人类不是毒蛇的猎物。毒蛇制造一口毒液需要消耗很大的能量，即便是咬到了人，也无法获取食物。很少有毒蛇会主动进攻人类，毒蛇咬伤人的情况多是自卫，迫不得已才咬人。所以，只要人类和毒蛇保持距离，就不会被伤害。

了不起的蟾蜍

由于蟾蜍的繁殖能力强，我国远古先民最早把蟾蜍视为生殖之神而加以崇拜。在古代神话"刘海戏金蟾"流传后，蟾蜍成为招财进宝的象征，人们喜欢将口含金钱的三足蟾放置在住宅、商铺，称其为"招财蟾"。随着时代的发展，人类渐渐遗忘了蟾蜍的古老传说，只注重蟾蜍本身而忽视了其文化和生态价值。

癞蛤蟆"乌龙"

2017年2月20日，浙江农民陈某因抓了114只癞蛤蟆被警方刑事拘留。很多人包括陈某都感到不解："逮癞蛤蟆也犯法？"可见大家并不清楚癞蛤蟆是什么，以及它有怎样的价值。

动物小档案
学名：蟾蜍
纲：两栖纲
目：无尾目
科：蟾蜍科

▲蟾蜍（图片摄影：赵序茅）

　　虽然新闻中提到陈某抓的是中华蟾蜍，但是仅根据图片很难判断。因为两栖类动物的分类极为困难，需要仔细对比标本才能弄清楚。浙江地区的确有中华蟾蜍分布，但是中华蟾蜍的生境是多样的，在国内分布于东北、华北、华东、华中、西北、西南等地区，在中国南方大部分地区比较常见。可是就此仍无法判断新闻中提到的是不是中华蟾蜍。新闻报道中提到的"黄蛤蟆只有在海拔1500米以上的半山腰才有，只有每年正月打雷交配的时候出来几天"这句描述和中华

蟾蜍的习性不怎么符合。从分布海拔上看，中华蟾蜍主要生活在水田、草地及水沟、池塘和小河静水水域附近的农作物或杂草丛中，繁殖时排卵于水沟、小河和池塘的水草上。中华蟾蜍分布地的海拔很少超过800米，新闻报道中提到的"正月打雷交配"和中华蟾蜍的习性更是相去甚远。浙江地区的中华蟾蜍出蛰时间为2月上旬至3月上旬，气温在8℃以上时，它们连续出蛰。出蛰后中华蟾蜍会选择在有水草的静水水域的浅

▲ 中华蟾蜍（图片摄影：赵序茅）

176

水区进行抱对产卵。4月底至5月初，才陆续可见上岸的中华蟾蜍。陈某抓的究竟是何种蟾蜍，一时难以下结论，但是癞蛤蟆绝不简单。

蟾蜍的作用

虽然蟾蜍在很多人眼中不过是一只癞蛤蟆，但是，蟾蜍具有大的价值，主要体现在四个方面：

1.维持生态平衡。蟾蜍能控制农业害虫的数量，它每天要吞食大量的鲜活昆虫和其他小动物。蟾蜍的主食是蜘蛛、步行虫、隐翅虫、食蚜虫、瓢虫、蚌蚝、象鼻虫、蚁类、蛆、蝼蛄、蚜虫、叶甲虫、沼甲虫、金龟子、蚊、蝇、蜘蛛等农田害虫与少量的益虫。由此可见，蟾蜍在消灭农业害虫、保护农作物免遭虫害和在居民区吞吃苍蝇等传播传染病的有害昆虫，保护环境卫生，维持生态平衡，减少传染源等诸多方面有积极作用。

2.环境指示物种。蟾蜍所代表的两栖动物是环境改变和污染原因的指示剂，它们有渗透性的裸露皮肤、无鳞、无发、无羽毛和卵无硬壳，很容易吸收环境中的物质。许多物种的整个生活史都暴露于水和陆地中的有毒物质中，两栖动物具有的冷血动物的特征使其对温度的改变、降水和紫外线的增加尤其灵敏。因此，从一个地区蟾蜍的数量多少就可以看出当地环境的好坏。

3.药用价值。蟾蜍的蟾酥是其表皮腺体的分泌物，为白色乳状液体，有毒，干燥后可以入药。蟾酥的成分复杂，最早提出的有效成分被称为蟾酥精，其药理作用与洋地黄相似。后又从中分离出数十种有效物质，皆有强心等作用，也是我国传统医药中的一味重要药材。其蟾酥、蟾衣的功效在古往今来的药典中都有记载，如《中药大辞典》中记载："蟾蜍全身均可供药用，干蟾皮可治疗小儿疳积、慢性气管炎、咽喉肿痛、痈肿疔毒等症。"

4.科学研究价值。蟾蜍被列入有益的或者有重要生

▼瓢虫是蟾蜍的食物之一

态、科学价值的《国家重点保护陆生野生动物名录》，是进行生理学研究、医学研究的重要实验动物。

如此重要的物种，在很多人的认识中仅仅只是田间地头的癞蛤蟆，自然得不到保护。其实，陈某抓的114只蟾蜍，只不过是餐桌上的冰山一角。当前，过度捕捉、商业贸易和开发利用也是两栖动物生存受威胁的主要原因。

此外，人们往农田里喷洒大量农药也是蟾蜍种群大幅度减少的原因。尹晓辉博士采用急性毒性和亚慢性毒性物质来做实验，从而来评价几种农药对中华蟾蜍的一般毒性效应。结果发现，农药中的毒死蜱和丁草胺对中华蟾蜍的蝌蚪来说属于高毒农药，会对蟾蜍的后代构成致命性的威胁。

出蛰：动物结束冬眠，出来活动。

知识补给站

万万没想到 动物有话说

"说谎"的青蛙

每到夏季，走在乡间田野就能"听取蛙声一片"，可是你知道青蛙是如何发出声音的吗？

体内"扩音器"

青蛙可不是用嘴发声的哟，而是依靠一个独特的发声器，是长在嗓门里的一对黏膜褶襞，也叫声带。在青蛙头的两侧有两个声囊，可以产生共鸣，放大叫声。在它那圆鼓鼓的大肚子里面，还有一个气囊也能起共鸣作用。

青蛙的鸣叫方法很独特，在发声之前，雄蛙先吸一口气到肺部，并把肚子鼓起来，然后缩小腹部，把肺部的气体挤到咽喉，在此振动

动物小档案

学名：青蛙

纲：两栖纲

目：无尾目

科：蛙科

属：侧褶蛙属

种：黑斑侧褶蛙

180

▲青蛙（图片摄影：赵序茅）

声带发出声音，最后声音及气体一起被送到位于喉部下方或侧面的鸣囊，气体将鸣囊鼓大成声音的共鸣腔，从而将声音扩散出去。于是，人们在几百米外都能听到青蛙"呱呱呱"的和声。

独一无二的歌声

青蛙大部分时间都安安静静地躲在暗处，不会发出声音，也不会和同类接触。但到了繁殖期，它们就

181

▲ 青蛙鼓起气囊"唱歌"

会成群迁入水域开展生殖活动，发出鸣叫，有的种类不分日夜都很活跃，下雨天的时候更是兴奋。

一般情况下，雌蛙的叫声很少，雄蛙会随着场合的不同发出不同的声音。夏季时，在无人干扰的情况下，大多数的青蛙会发出求偶的鸣叫。雌蛙一般仅会发出求救的叫声，国外有少数雌蛙种类会发出声音回应雄蛙的求偶声。

人类有时悄悄接近青蛙的时候，会听到一种嘈杂的叫声，这是雌蛙在驱逐其他雄蛙或打架时发出的叫

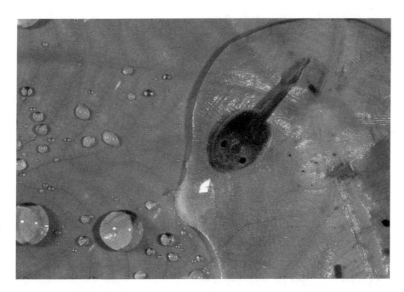

▲ 青蛙蝌蚪

声。如果它们发现人类走近，就会紧急发出"叽"的求救叫声，而后潜入水中避敌。不论是哪一种叫声，每一种青蛙都有其独特的声音频率，如同人类的指纹，是独一无二的，具有辨识种类、避免杂交的功能。

"说谎"的真相

不过，不是每一只青蛙发出的叫声都表示它们真实的心情，青蛙和人类一样，也会"说谎"。雄性青蛙通过叫声向外界宣告自己的强壮，体形越大的青蛙，叫声就越低沉。一只强壮的雄性青蛙发出的叫声足以

威慑其他的雄性同类，使它们不敢侵犯自己的领地。但是一些体形较小的雄性青蛙会刻意压低自己的声音，给外界制造一种自己体形强壮的假象，以此吓退那些本来可以战胜它们的同类。

　　当然，不是所有的青蛙都会"说谎"，大多数时候青蛙的叫声还是比较"诚实"的。日本相关研究人员发现，青蛙的"合唱"有玄机，有时候我们听到单只青蛙在"唱歌"，实际上是和邻近的青蛙稍微错开时间鸣叫，使自己的声音不会被完全淹没，从而能达到"我的地盘，我做主"的效果。

会"钓鱼"的大鳄龟

　　除了人类会钓鱼，你知道动物界有哪些"钓鱼高手"吗？有一种叫大鳄龟的动物，不用鱼竿，直接利用身体就能轻松"钓鱼"，吃到鲜美的食物。

奇特的长相

　　大鳄龟长得酷似鳄鱼，又像龟，头部大而重，不能完全缩进壳内。背上有3条隆起的纵走棱背，就像3条突起的山脉，13片盾片就像13座连绵起伏的小山，高达70厘米。四肢粗壮，肌肉发达，这使它看起来就像带有装甲的恐龙。

　　大鳄龟是现存较古老的爬行动物之一，也是世界较大的淡水龟之

动物小档案
学名: 大鳄龟(真鳄龟)
纲: 爬行纲
目: 龟鳖目
科: 鳄龟科
属: 真鳄龟属
种: 真鳄龟

万万没想到 动物有话说

▲ 大鳄龟

一。其主要分布在美洲，栖息在美国南部的水域。大鳄龟嘴巴前端的上下颌呈钩状，似鹰嘴一般锋利，成年鳄龟能轻易咬下一个人的手指，与它们相处必须极度小心。

☑ 另类"钓鱼"

大鳄龟特别喜欢在水中活动，它潜在水中的时间长达3个小时，雌龟只有在筑巢时才会走到陆地上。那么，它是怎么填饱肚子的呢？其实，大鳄龟有其独特的捕食方式。

大鳄龟会躺在水中不动，张开嘴，吐出像蠕虫一样的舌头——这便是它的"鱼饵"。大鳄龟利用长得像

186

蠕虫的舌头作饵，吸引馋嘴的小鱼前来。不一会儿，几只嘴馋的小鱼游了过来，它们围着大鳄龟的舌头，把它当作一顿美味，还不停地用嘴巴撕咬。可是正当小鱼要吞下"美味"的舌头时，大鳄龟就慢慢地把舌头缩回口中，小鱼还以为是小蠕虫在游动呢！等到猎物进入口中，大鳄龟就会急速合口，将"上钩"的小鱼一吞而尽。饱餐一顿后，大鳄龟又回到那副懒散的样子，趴在水底等待下一条小鱼"上钩"。

除了用舌头诱惑小鱼、小虾"上钩"外，每当发现水边有饮水的小动物时，大鳄龟会突然甩起尾巴，将猎物打晕，然后拖入水中慢慢享用。大鳄龟成体性情暴躁，会突然扭头袭击其他动物，也主动攻击人，是最凶猛的龟类之一。

即便如此聪明的大鳄龟，由于被人类过度捕捉和贩卖，濒临灭绝。现存的野生大鳄龟十分稀少。

神通广大的 **壁虎**

壁虎是一种常见的爬行动物，分布于全世界温暖的地区，栖息于树林、沙漠、草原、住宅区等。住宅区的壁虎住在屋檐下的小洞内，在不冬眠的时候出来活动，喜欢昼伏夜出，有时白天也能见到。

爬墙"神技"

壁虎拥有"飞檐走壁"的能力，令人类望尘莫及，即使在光滑的玻璃墙上行走，也能稳稳当当。

壁虎的爬墙"神技"主要在于它的脚和尾巴。壁虎有4只脚，每只脚有5个脚趾，每个脚趾下有一排排横褶，上

动物小档案
学名：壁虎
纲：爬行纲
目：蜥蜴目
科：壁虎科

▲壁虎（图片摄影：何既白）

面长有成千上万根腺毛，而每根腺毛的顶端又分散几百个毛茸茸的"小刷子"。这些"小刷子"形成非常强的吸附力，使得壁虎每走一步，就像把毛毡从墙上撕下来，然后粘到别处一样牢固。

　　为了保障安全，壁虎的尾巴必不可少。实际上，尾巴还是壁虎的第5只脚。在光滑的玻璃墙上行走时，壁虎用尾巴做支撑，防止身体向后翻倒。当壁虎的一只脚丧失牵引力时，它把尾巴贴近墙壁的表面，以防止在爬行的过程中滑落。

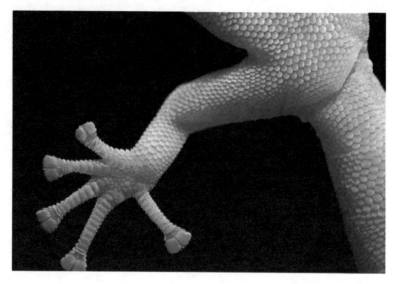

▲ 壁虎的脚

　　如果壁虎从光滑垂直的表面上掉落下来，尾巴的迅速翻转可以帮助它控制下降的方向和角度。在空中滑行时，壁虎通过调整让身体背面朝上，腹部朝下，接近地面时，它总是伸出脚，四肢同时着地。而壁虎在空中翻转的时间仅需0.1秒，这个速度比无翼动物在空中翻转的反应速度都要快。这确保壁虎最终能够安全着地，就像跳伞运动员一样。

分身术

　　壁虎尾巴的作用还不止于此，在危难时，还能救

190

命！当被天敌——小鸟袭击的时候，壁虎强烈地收缩尾部的肌肉，来一个大幅度的扭转，让尾巴断落。它借着"分身术"，趁机溜走，只剩下一节神经没死的断尾，在小鸟嘴中挣扎跳动。小鸟以为死死地衔住壁虎的尾巴，就能让它乖乖就范。可是，等小鸟发现真相的时候，眼前只有一节死去的断尾，而壁虎早就逃之夭夭了。

壁虎在遇到敌害时弄断自己的尾巴，这种现象在动物学上叫作"自切"。刚断落的尾巴由于神经没有死，会不停地动弹，这样就可以用"分身术"帮助壁

▼ "丢失"了尾巴的壁虎

虎逃掉。同时壁虎的身体里有一种激素——成长素，能再生尾巴。当壁虎尾巴断了的时候，它就会分泌出这种激素使尾巴长出来，当尾巴长好之后，它就会停止分泌。这和人类的头发、指甲脱落后又长出来是一样的道理。有些细胞可以再生，有些不可以，壁虎的尾巴就含有再生性细胞，能通过激素的刺激使尾巴的细胞活跃，再长出新的尾巴。

易容术

壁虎的避敌之策，不止断尾一种，有的壁虎还会"易容术"。

有一种壁虎叫角叶尾守宫，主要生活在马达加斯加岛，是平尾虎属的成员之一。和许多种类的壁虎一样，角叶尾守宫也是昼伏夜出，它只在夜间进行捕猎。角叶尾守宫个头不大，但是胃口不小。它几乎能以一切吞得下去的动物为食，包括蟋蟀、苍蝇、蜘蛛、蟑螂、蜗牛等。

不过，角叶尾守宫的天敌也不少，包括一些鸟类、蛇和老鼠。不是天敌的对手怎么办？聪明的角叶尾守宫便充分运用伪装技能，躲避天敌。

角叶尾守宫全身的形状就像卷起的树叶，从头部到尾巴，简直就像是几片树叶连在一起。不仅形状像，连身体的颜色也和树叶相差无几。它背部的细条纹和身体上的皮肤纹理，竟然和树叶的脉络一模一样。白天，它一动不动地悬挂在树枝上，或者隐身于枯叶之间。一些体形较大的角叶尾守宫，将自己摊平在树干和树枝上，用脚上的刚毛紧密地吸附在树枝的表面。它身体边缘还有流苏和褶皱，可以完美地抹去轮廓和阴影，从而隐身在树林间。

▼纹叶尾壁虎身体的颜色和枯树叶很接近

更为神奇的是，角叶尾守宫的颜色变化也多得令人难以置信，包括浅褐色、灰色、棕色等，而且还会经常装点类似地衣、苔藓的绿色斑点。这种多样性使它们能够很好地适应不同的环境。

无论是伪装成树叶，还是隐身于树干，角叶尾守宫都可以有效地躲避一些依靠视力"吃饭"的掠食者，特别是鸟类。但是百密终有一疏，它也有被天敌识破的时候，尤其是在移动的过程中，容易暴露身体。

如果遭遇威胁，角叶尾守宫会利用尾巴的反光来迷惑天敌，让天敌惧而远之。如果天敌没有被唬住，继续靠近的话，它就会张大嘴巴，发出响亮的警戒声。同时，它会伸出红色的舌头并分泌黏液，做出撕咬的动作。要是这些方法都失败了，它就采取迅速逃走的策略。这时，它会熟练地跳跃到其他树枝上，或者直直地掉落到地面的落叶中，消失在天敌的视野之中。

角叶尾守宫的生存方式像极了人类社会，由于竞争激烈，要想更好地生存，就要掌握多方面的技能。

变色龙家族

变色龙可以根据不同的环境来改变身体的颜色。变色龙不单单是一个物种，而是爬行动物避役科的一类。目前已知的变色龙有160种，它们喜欢温暖舒适的环境，例如热带雨林和热带大草原，主要生活在马达加斯加岛和撒哈拉以南的非洲，少数分布在亚洲和欧洲南部。

动物小档案

学名：变色龙

纲：爬行纲

目：蜥蜴目

科：避役科

属：避役属

七十二变

以前的观点认为，变色龙变色是因为体内含有不同颜色的色素细胞。2015年瑞士科学家的最新研究解开了其变色的谜团。变色龙体内确实含有不同的色素细胞，但是颜色种类并不

▲ 变色龙（图片摄影：赵序茅）

多。对于变色，它们仅仅是配角，真正的主角是变色
龙体内的虹细胞。变色龙的皮肤底下有两层厚厚的相
互交叠的虹细胞。这些虹细胞中含有许多大小不同、
形状各异、排列不一的纳米光子晶体。此外，虹细胞
内含有黄色素，在黄色素和纳米光子晶体的操纵下，
神奇的变色开始了。

　　一般情况下，我们看到的变色龙是绿色的。这是
因为变色龙处于平静的状态时，虹细胞内的纳米光子

▲和树叶颜色一样的变色龙

晶体排列紧密，只反射出波长较短的蓝色光。这种颜色被称为结构色，是由于光的散射作用而产生的，类似于我们看到的彩虹。然后，蓝色的结构色与变色龙体内的黄色素相结合，蓝黄掺杂一起，都想在变色龙的皮肤上表现各自的颜色，于是各退一步，形成绿色。此时变色龙的体色呈现为绿色。

当变色龙处于紧张状态时，虹细胞内的纳米光子晶体变得松散，这样的结构会反射波长更长的光，例

如红光、黄光等，然后和色素细胞结合，产生更加鲜艳的颜色。这一系列的变化，眨眼之间即可完成。

　　当变色龙愤怒时，纳米光子晶体反射什么颜色的光，都不起作用。变色龙发怒使得体内的黄色素膨胀，阻碍下层的光反射出来，只体现黄色。上层虹细胞帮助变色龙变色，下层虹细胞似乎不参与变色。

▼树林中的变色龙

"颜色"战争

变色的伎俩不仅可以让变色龙躲过捕食者，还能让它变得更加美丽，从而震慑"情敌"，获得异性的"青睐"。

两只雄性变色龙在求偶期的争斗，其实是一场"颜色"战争。两只雄性变色龙各自呈现身体的颜色，条纹较明亮的一方主动靠近，前去挑战。到了短兵相接的时候，双方接近，脸对脸，纠缠在一起。不一会儿就分出了胜负：颜色变亮较快的一方获得胜利。颜色的较量仅仅是表面，身体内部肾上腺素和荷尔蒙的释放速度才是取胜的关键。很明显，颜色迅速变亮的一方，肾上腺素和荷尔蒙的释放速度更快，于是产生更大的力量，助其获胜。

原来变色龙并没有高人一等的"法力"，不论处于何种环境，变色龙还是变色龙，只不过与环境接触的方式发生了改变。

"动物翻译官"带你走进动物的世界，聆听动物的心声！

《万万没想到：动物有话说》配套音频，喜马拉雅热播课程，扫码马上听！